网页设计

（第2版）

主　编　姜五洲　李炳吉
副主编　侯明新　郗　猛　张洋洋
　　　　　王殿荣　曹致远
参　编　胡　兢　周建坤　钟军凯
　　　　　马红奎

北京理工大学出版社
BEIJING INSTITUTE OF TECHNOLOGY PRESS

内容简介

本书按照"以立德树人为根本，以服务发展为宗旨，以促进就业为导向"的指导思想，采用"项目导向，任务驱动"的方法，从网页设计技能学习的实际出发，有的放矢、循序渐进地编排了网页设计 HTML+CSS+JavaScript 等专业技能的相关知识与技巧。本书注重激发读者的学习兴趣，突出技能和动手能力训练，重视提升核心素养，内容精炼、编排合理、便于理解。本书的项目包括初识网页设计、页面布局、响应式页面案例、JavaScript 基础设计、JavaScript 交互页面进阶等，展示网页综合设计的相关技巧。

版权专有 侵权必究

图书在版编目（CIP）数据

网页设计 / 姜五洲，李炳吉主编 . -- 2 版 . -- 北京：北京理工大学出版社，2024.3

ISBN 978-7-5763-3685-6

Ⅰ.①网… Ⅱ.①姜…②李… Ⅲ.①网页制作工具 Ⅳ.①TP393.092.2

中国国家版本馆 CIP 数据核字（2024）第 055150 号

责任编辑：钟　博	文案编辑：钟　博
责任校对：周瑞红	责任印制：施胜娟

出版发行 / 北京理工大学出版社有限责任公司
社　　址 / 北京市丰台区四合庄路 6 号
邮　　编 / 100070
电　　话 /（010）68914026（教材售后服务热线）
　　　　　（010）68944437（课件资源服务热线）
网　　址 / http://www.bitpress.com.cn

版 印 次 / 2024 年 3 月第 2 版第 1 次印刷
印　　刷 / 定州启航印刷有限公司
开　　本 / 889 mm × 1194 mm　1/16
印　　张 / 16.5
字　　数 / 330 千字
定　　价 / 89.00 元

图书出现印装质量问题，请拨打售后服务热线，负责调换

前言

党的二十大报告提道:"青年强,则国家强。当代中国青年生逢其时,施展才干的舞台无比广阔,实现梦想的前景无比光明。"计算机相关专业中的网页设计技术在各行业应用广泛,也是许多年轻人喜好的专业技能,认真学好网页设计 HTML+CSS+JavaScript 等专业技能,能为在日后的工作中实现梦想打好专业技能基础。

学习网页设计,一般从使用 HTML、CSS 实现页面样式设计和布局开始,再逐步提升到使用 JavaScript 实现网页交互方面的功能。

随着互联网的飞速发展,网页设计作为一项重要的职业技能,已经成为许多人进入 IT 行业或从事自由职业的重要途径之一。本书提供了基础的网页设计技能知识,帮助初学者循序渐进地掌握网页设计工作岗位的实用技能。

本书注重理论与实践相结合,强调学以致用,通过项目驱动的方式,系统地介绍了网页设计与 JavaScript 相关的基础知识和技能。在完成各个项目的过程中,读者将逐渐掌握网页创建、页面布局和 JavaScript 交互等方面的技能,为今后的职业发展打下坚实的基础。

1. 本书特点

根据移动应用开发、前端开发、网页设计等工作岗位的常见工作技能需求,共设置了五个项目,每个项目都围绕特定的主题或技能展开,以任务为导向。通过本书的学习,读者将能够熟练运用 HTML、CSS 及 JavaScript 完成所有任务的设计效果,并且掌握 JavaScript 在网页交互中的应用。

2. 内容安排

本书的内容安排不局限于求全、求深,而是根据专业工作岗位需求、职业培训等特点,选取一些合适的网页设计案例形成学习任务，并注意将理论知识融入任务案例，引导读者在任务实现过程中全面巩固网页设计的 HTML、CSS 及 JavaScript 等方面的基础，也为后续的提升学习培养兴趣和加强信心。

希望本书能够成为读者学习网页设计与 JavaScript 的良师益友，引领读者轻松进入精彩而富有挑战的网页设计领域。祝愿读者学习愉快，取得丰硕的成果！由于编者水平有限，时间仓促，在编写过程中难免有疏漏之处，恳请广大读者批评指正。

编　者

目录

项目一　初识网页设计 1

任务一　创建第一个网页 2
任务二　列表标签 8
任务三　表格标签 12
任务四　表单标签 15
任务五　超链接标签 17
任务六　自定义样式的登录页面 24
任务七　自定义样式的注册页面 31
任务八　自定义样式的问卷表单页面 36

项目二　页面布局 51

任务一　上下布局 52
任务二　三列布局 61
任务三　两列布局 69
任务四　左侧定位布局 77
任务五　固定定位应用于页面布局 85
任务六　上中下页面布局应用 93

项目三　响应式页面案例 113

任务一　响应式文章展示页面 114
任务二　响应式首页页面 120
任务三　响应式产品展示页面 130

任务四　响应式登录页面 ………………………………………………………… 138

　　任务五　响应式会员信息页面 …………………………………………………… 143

项目四　JavaScript 基础设计 ………………………………………………… 161

　　任务一　变量的控制与显示 ……………………………………………………… 162

　　任务二　网页背景色控制 ………………………………………………………… 168

　　任务三　标签字号获取与控制 …………………………………………………… 175

　　任务四　标签宽度的控制 ………………………………………………………… 180

　　任务五　控制标签背景色 ………………………………………………………… 184

　　任务六　元素的隐藏与显示 ……………………………………………………… 188

　　任务七　改变文本和背景色 ……………………………………………………… 193

项目五　JavaScript 交互页面进阶 …………………………………………… 208

　　任务一　简易计算器 ……………………………………………………………… 209

　　任务二　清单管理 ………………………………………………………………… 213

　　任务三　图片浏览器 ……………………………………………………………… 218

　　任务四　图片轮播控制器 ………………………………………………………… 223

　　任务五　全屏弹窗 ………………………………………………………………… 228

　　任务六　自动过滤查找 …………………………………………………………… 232

　　任务七　图片轮播器 ……………………………………………………………… 237

　　任务八　任务备忘录 ……………………………………………………………… 242

参考文献 …………………………………………………………………………………… 256

项目一
初识网页设计

项目导读

党的二十大报告提道:"青年强,则国家强。当代中国青年生逢其时,施展才干的舞台无比广阔,实现梦想的前景无比光明。"作为计算机相关专业的青少年学生,掌握好自己的专业技能是一项可行的选择,通过本课程认真学好网页设计 HTML+CSS+JavaScript 等专业技能,能为在日后的工作中实现梦想打好专业技能基础。

HTML 是网页设计中最基础和必备的语言之一,它定义了网页的结构和内容。学习 HTML 不仅能够了解网页的构成和布局,还可以掌握网页制作的基本技能。

CSS 是网页设计中非常重要的一项技术,它可以实现网页的布局、样式和动画等效果。学习 CSS 不仅能够更好地美化和布局网页,还可以提高网站的用户体验和使用价值。

本项目从学习 HTML 的标签开始,在学习标签的过程中,同时掌握 CSS 样式的应用。

学习 HTML 后应掌握的技能如下。

(1)了解 HTML 的基本概念和语法规则。学习 HTML 的第一步就是了解 HTML 的基本概念和语法规则,包括 HTML 标签、元素、属性和属性值等内容。

(2)学习 HTML 标签和元素。HTML 标签是 HTML 中的基本单位,每个标签都有特定的功能和用途。学习 HTML 标签和元素可以有助于更好地理解网页的结构和内容。

(3)掌握 HTML 表单和输入控件。HTML 表单是网站设计中最常用的控件之一,它可以实现用户数据的收集和处理,例如登录、注册、留言等功能。

虽然 HTML 定义了网页的结构和内容,但是没有过多的样式和布局,这时候就需要使用 CSS 进行网页的美化和布局。

在学习了 HTML 的标签内容后,还需要掌握如下 CSS 技能。

(1)掌握 CSS 的基本概念和语法规则。学习 CSS 需要先了解其基本概念和语法规则,例如 CSS 选择器、属性和声明等。

(2)学习 CSS 的盒模型和布局。CSS 的盒模型是网页布局的重要概念之一,掌握盒模型有助于实现网页的布局、对齐和排版等功能。

（3）学习CSS的样式和动画。CSS的样式和动画是网页设计中最常用的特效之一，例如背景颜色、文字大小和运动效果等。

（4）掌握CSS的媒体查询和响应式设计。随着移动设备的普及，响应式设计已经成为网页设计人员的重要技能。学习媒体查询和响应式设计可以使网页在不同设备上都能够流畅显示和操作。

技能目标

（1）掌握CSS在网页设计中的应用技能。
（2）掌握结合HTML和CSS等技能美化网页的应用。
（3）了解更多的HTML标签、CSS样式代码的应用。

素质目标

（1）以HTML标签、CSS样式的美化网页效果激发学生的学习兴趣，培养学生精益求精的工匠精神和工作能力。

（2）完成选择家乡美景等相关图文素材进行网页设计的学习任务，注重德技并修、育训结合，培养学生热爱家乡、热爱祖国山河的爱国情怀，树立技能报国的专业技能学习目标。

任务一 创建第一个网页

创建第一个网页

知识准备

1. HBuilderX

HBuilderX是一款功能强大的前端开发工具，可用于多种前端技术的开发，并提供了丰富的功能和工具来提高开发效率。它是一款由DCloud推出的基于VS Code的集成开发环境（IDE），专注于移动应用开发。它支持多种前端技术，包括HTML、CSS、JavaScript、Vue.js、React等，并提供了丰富的功能和插件来提高开发效率。

HBuilderX 具有以下特点。

（1）多语言支持：支持多种编程语言的语法高亮和智能提示，如 HTML、CSS、JavaScript 等。

（2）代码片段和模板：提供了丰富的代码片段和模板，可以快速生成常用的代码结构。

（3）调试工具：内置调试工具，支持在浏览器或真机上进行实时调试。

（4）项目管理：支持创建、导入和管理项目，方便团队协作和版本控制。

（5）插件扩展：提供了丰富的插件生态系统，可以根据需要安装插件以扩展功能。

（6）前端框架支持：支持主流的前端框架，如 Vue.js 等，提供相应的代码提示和辅助工具。

（7）移动应用开发：集成了 DCloud 提供的 App 开发框架 uni-app 和 HBuilderX 扩展插件，方便开发跨平台的移动应用。

2. HTML 项目

一个基本的 HTML 项目通常包含以下几个文件。

index.html：项目的主页，也是浏览器默认加载的文件。

style.css：项目的样式文件，用来设置页面的外观和布局。

script.js：项目的脚本文件，用来处理页面的交互和动态效果。

"assets" 文件夹：存放项目所需的资源文件，如图片、字体、视频等。

ndex.html 是项目的主页 style.css 中可以定义样式规则，控制文本的颜色、字体等。script.js 可以包含 JavaScript 代码，用来实现页面的交互和动态效果。

3. HTML 文件

HTML 文件是一种用于创建网页的标记语言文件，它由 HTML 标签和文本内容组成，并且以 ".html" 扩展名保存。HTML 文件描述了网页的结构和内容，并且可以通过浏览器解析和显示。

4. HTML 5 文档类型声明

在 HTML 5 中，其文档类型声明使用 <!DOCTYPE html>。<!DOCTYPE html> 的作用是让浏览器进入标准模式，使用最新的 HTML5 标准来解析渲染页面。缺少 <!doctype html> 浏览器可能进入兼容模式，有些样式布局会和标准模式存在差异。

1）<html></html> 标签对

<html> 标签位于 HTML 文档的最前面，用来标识 HTML 文档的开始。

</html> 标签位于 HTML 文档的最后面，用来标识 HTML 文档的结束。

2）<head></head> 标签对

<head> 标签是 HTML 文档的头部分，<head></head> 这两个标签分别表示头部信息的开始和结尾。

头部中包含了页面的标题、序言、说明等内容，它本身不作为内容显示，但影响网页显示的效果。

头部中最常用的标签是 <title> 标签和 <meta> 标签。

<title>标签用于定义 HTML 文档的标题，即浏览器显示在标题栏或选项卡上的文本内容。<title> 标签必须放置在 <head> 标签内，并且一个 HTML 文档中只能有一个 <title> 标签。

<meta> 标签用于在 HTML 文档的头部 <head> 设置元数据 metadata，提供关于文档的附加信息。元数据不会直接显示在网页上，而是提供给浏览器、搜索引擎和其他应用程序使用。

<meta> 标签使用属性来定义不同类型的元数据。以下是几个常见的 <meta> 标签及其用途。

（1）设置字符编码：<meta charset="UTF-8"> 用于指定文档的字符编码，常用的编码是 UTF-8，它支持包含各种语言字符的网页内容。

（2）描述文档内容：<meta name="description" content=" 网页描述 "> 用于提供对文档内容的简短描述，有助于搜索引擎了解页面的主题。

（3）设置关键词：<meta name="keywords" content=" 关键词 1, 关键词 2, 关键词 3"> 用于设定与文档相关的关键词，帮助搜索引擎理解页面的主旨。

（4）设置作者：<meta name="author" content=" 作者名 "> 用于指定页面的作者。

<meta> 标签还有其他属性和用途，可以根据具体需要进行设置。通过使用 <meta> 标签中的元数据，可以给浏览器、搜索引擎和其他应用程序提供额外的信息，以优化网页的显示、搜索引擎排名和用户体验。

3）<body></body> 标签对

<body> 标签用于定义 HTML 文档的主体部分，即网页的实际内容。在 <body> 标签内，可以添加各种 HTML 元素和内容，例如段落 <p>，标题 <h1>、<h2>，图像 <img>，链接 <a> 等。这些元素将构成页面的具体可见部分，会被浏览器解析和显示给用户。所有在网页上显示的文本、图像、链接等都应该放置在 <body> 标签内。

任务描述

（1）下载安装 HBuilderX 网页设计开发软件。

（2）运行 HBuilderX，创建基本 HTML 项目。

（3）打开 index.html 文件，输入网页代码，实现显示"你好！"的效果。

（4）网页运行效果如图 1-1 所示。

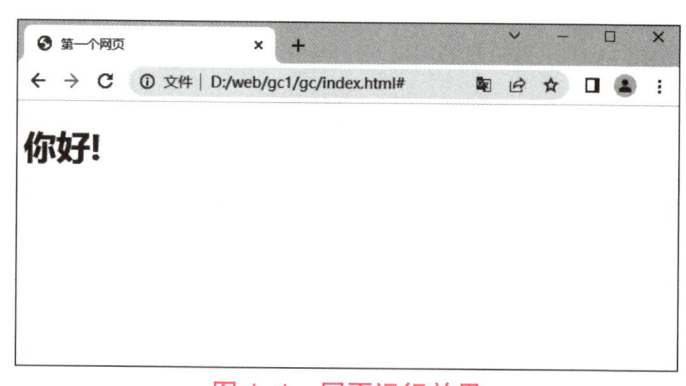

图 1-1　网页运行效果

实现步骤

（1）打开 uniapp 官网 https://uniapp.dcloud.net.cn/，执行"快速上手"→"1. 通过 HBuilderX 可视化界面"命令，单击"官方 IDE 下载地址"链接，如图 1-2 所示。

图 1-2　单击"官方 IDE 下载地址"链接

（2）单击"Download for Windows"按钮，下载 HBuilderX 安装包，如图 1-3 所示。
提示：下载后，在计算机中正常安装 HBuilderX 软件。

图 1-3　单击"Download for Windows"按钮

（3）安装 HBuilderX 软件后，启动 HBuilderX 软件，如图 1-4 所示。

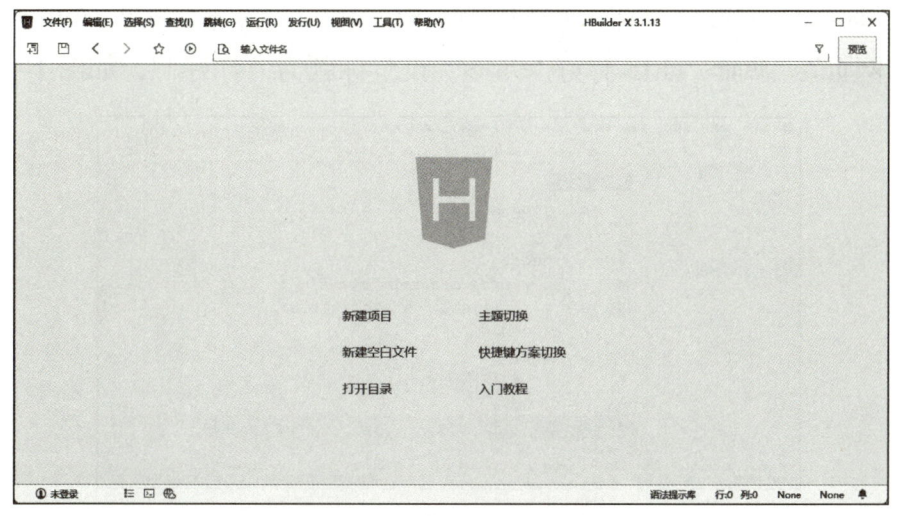

图 1-4　启动 HBuilderX 软件

（4）执行"新建"→"项目"命令，如图 1-5 所示。

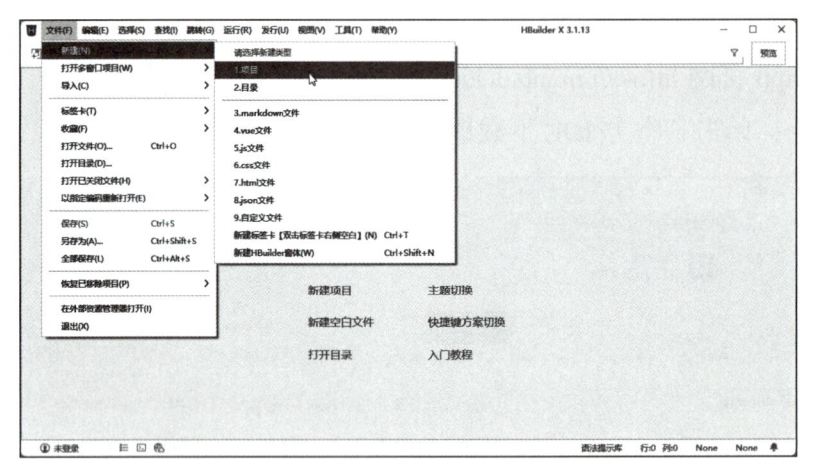

图 1-5　执行"新建"→"项目"命令

（5）单击"普通项目"单选按钮，输入项目名称，单击"浏览"按钮确认一个空的目录作为项目工作目录，选择模板"基本 HTML 项目"，完成后单击"创建 (N)"按钮创建项目，如图 1-6 所示。

图 1-6　选择模板"基本 HTML 项目"并创建项目

（6）打开 index.html 文件，编辑文件代码，用"<title> 第一个网页 </title>"设置网页标题为"第一个网页"，添加"<h1> 你好 !</h1>"设置标题为"你好 !"，如图 1-7 所示。

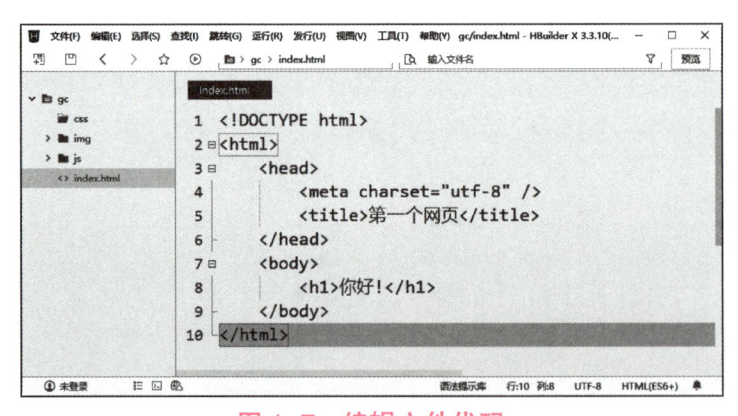

图 1-7　编辑文件代码

index.html 文件的代码如下。

```html
<!DOCTYPE html>
<html>
    <head>
        <meta charset="utf-8"/>
        <title>第一个网页</title>
    </head>
    <body>
        <h1>你好!</h1>
    </body>
</html>
```

（7）选中 index.html 文件，执行"运行"→"运行到浏览器"→"Chrome"命令，如图 1-8 所示。

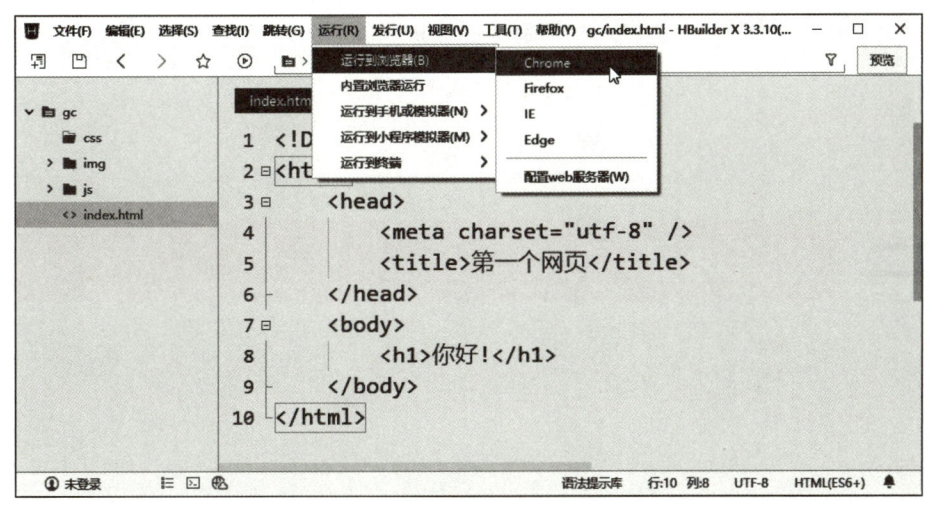

图 1-8 执行"运行"→"运行到浏览器"→"Chrome"命令

（8）在浏览器中运行 index.html 文件，结果显示"你好!"。

<!DOCTYPE html> 等标签功能说明见表 1-1。

表 1-1 <!DOCTYPE html> 等标签功能说明

标签	功能
<!DOCTYPE html>	定义此文件是 HTML5 文件
<html>	HTML 文档的根元素
<head>	<head> 包含页面的元数据，如标题、样式表和脚本
<meta charset="utf-8" />	告知浏览器此页面的字符用 UTF-8 字符编码格式显示
<title>	定义页面的标题，它会显示在浏览器的选项卡上
<body>	包含页面的主要内容，如文本、图像、视频、链接等
<h1>	显示页面的主要标题，它是 HTML 元素中的一个级别最高的标题元素

> **知识链接**
>
> （1）双标签。HTML 的双标签是指由开始标签和结束标签组成的标签，它们用来定义 HTML 文档中的各种元素和内容。标签的开始标签和结束标签分别由左尖括号和右尖括号包围，开始标签与结束标签之间的内容为元素的内容，可以是文本、图片、链接、表格、列表等。
>
> 常见的双标签有 \<html>\</html>、\<head>\</head>、\<body>\</body>、\<ol>\</ol>、\<ul>\</ul>、\<li>\</li>。
>
> （2）单标签。单标签是指用一个标签符号即可完整地描述某个功能的标签，它只有开始标签而没有结束标签。
>
> 常见的单标签有 \
、\<hr>、\<img>、\<input>、\<link>、\<meta>。

任务二 列表标签

知识准备

1. \<ul> \</ul> 标签对

\<ul> 标签用于创建一个无序列表的 HTML 元素。无序列表中的列表项没有特定的顺序或层次关系，每个列表项前通常会有一个小圆点、小方块或其他符号作为标记。

\<ul> 标签的基本使用方法如下。

```
<ul>
  <li>列表项 1</li>
  <li>列表项 2</li>
  <li>列表项 3</li>
</ul>
```

在上面的代码中，\<ul> 标签包含了 3 个 \<li> 标签，每个 \<li> 标签表示一个列表项。浏览器会根据默认样式将每个列表项显示为一个项目，并在其前面添加一个小圆点作为标记。

可以根据需要在 \<li> 标签中添加文本、图像或其他 HTML 元素，用于定义每个列表项的具体内容。通过使用 \<ul> 标签和 \<li> 标签，可以创建简单的无序列表，以展示和组织相关的项目或内容。

2. <ol></ol> 标签对

<ol> 标签用于创建一个有序列表的 HTML 元素。有序列表中的列表项按照一定的顺序或层次关系排列，每个列表项前通常会有一个数字、字母或其他符号作为标记。

<ol> 标签的基本使用方法如下。

```
<ol>
    <li>列表项 1</li>
    <li>列表项 2</li>
    <li>列表项 3</li>
</ol>
```

在上面的代码中，<ol> 标签包含了 3 个 <li> 标签，每个 <li> 标签表示一个有序列表项。浏览器会根据默认样式将每个列表项显示为一个按顺序编号的项目，并在其前面添加对应的标记。

与无序列表 <ul> 不同，有序列表会以数字、字母或其他符号作为标记，指示每个列表项的顺序。在默认情况下，有序列表使用数字作为标记，从 1 开始递增。

可以根据需要在 <li> 标签中添加文本、图像或其他 HTML 元素，用于定义每个列表项的具体内容。通过使用 <ol> 标签和 <li> 标签，可以创建有序列表，以展示和组织按顺序排列的项目或内容。

任务描述

（1）运行 HBuilderX 软件，创建基本 HTML 项目。

（2）在 index.html 网页中显示 1 个有序列表和 1 个无序列表。

（3）网页运行效果如图 1-9 所示。

图 1-9　网页运行效果

实现步骤

（1）启动 HBuilderX 软件，创建一个"普通项目"的"基本 HTML 项目"模板，编辑 index.html 文件，如图 1-10 所示。

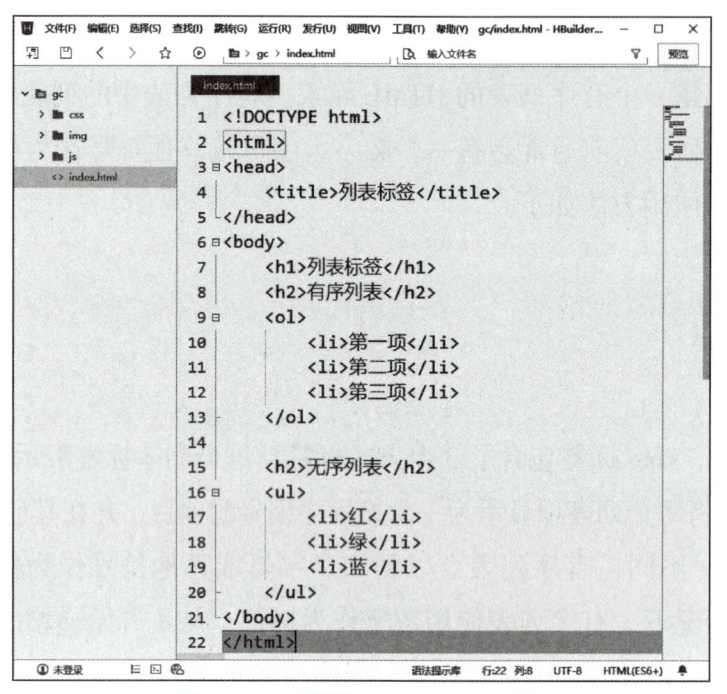

图 1-10 编辑 index.html 文件

（2）index.html 文件的代码如下。

```html
<!DOCTYPE html>
<html>
<head>
    <title>列表标签</title>
</head>
<body>
    <h1>列表标签</h1>
    <h2>有序列表</h2>
    <ol>
        <li>第一项</li>
        <li>第二项</li>
        <li>第三项</li>
    </ol>
    <h2>无序列表</h2>
    <ul>
        <li>红</li>
        <li>绿</li>
        <li>蓝</li>
    </ul>
</body>
</html>
```

（3）在浏览器中运行 index.html 文件，会看到 1 个有序列表和 1 个无序列表。大标题为"列表标签"。第 1 个子标题是"有序列表"，有序列表（每一项内容前显示有数字序号）为：

1. 第一项

2. 第二项

3. 第三项

第 2 个子标题是"有序列表",无序列表(每一项内容前显示·符号)为:

- 红
- 绿
- 蓝

有序列表等标签功能说明见表 1-2。

表 1-2 有序列表等标签功能说明

标签	功能
\<ol>\</ol>	有序列表标签,是双标签,\<ol> 表示有序列表的开始,\</ol> 表示有序列表的结束
\<ul>\</ul>	无序列表标签,是双标签,\<ul> 表示无序列表的开始,\</ul> 表示无序列表的结束
\<li>\</li>	包含页面的主要内容,如文本、图像、视频、链接等

【代码解读】

代码解读见表 1-3。

表 1-3 代码解读

colspan="2"	上述代码创建了一个简单网页,其中包含了 1 个一级标题、2 个二级标题和 2 个列表(有序列表和无序列表)。有序列表包含 3 个项目,分别是"第一项"、"第二项"和"第三项";无序列表包含 3 个项目,分别是"红""绿"和"蓝"。这些内容以浏览器渲染并显示在网页中
\<!DOCTYPE html>	声明文档类型为 HTML。这是一个必需的标签,用于告诉浏览器使用 HTML5 标准解析文件
\<html>	定义 HTML 文档的根元素,包含整个 HTML 内容
\<head>	定义 HTML 文档的头部,用于包含一些元数据和外部资源引用
\<title> 列表标签 \</title>	定义页面的标题,会显示在浏览器的标题栏或选项卡上
\<body>	定义 HTML 文档的主体内容,包含了用户在网页上看到的所有内容
\<h1> 列表标签 \</h1>	定义一个一级标题,显示文本"列表标签"
\<h2> 有序列表 \</h2>	定义一个二级标题,显示文本"有序列表"
\<ol>	定义有序列表。其中的 \<li> 标签定义了有序列表的每一项
\<li> 第一项 \</li>	定义有序列表的第一项,显示文本"第一项"
\<li> 第二项 \</li>	定义有序列表的第二项,显示文本"第二项"
\<li> 第三项 \</li>	定义有序列表的第三项,显示文本"第三项"
\<h2> 无序列表 \</h2>	定义一个二级标题,显示文本"无序列表"
\<ul>	定义无序列表。其中的 \<li> 标签定义了无序列表的每一项
\<li> 红 \</li>	定义无序列表的第一项,显示文本"红"
\<li> 绿 \</li>	定义无序列表的第二项,显示文本"绿"
\<li> 蓝 \</li>	定义无序列表的第三项,显示文本"蓝"

> **知识链接**
>
> HTML 中标题元素包括 h1~h6，分别表示不同级别的标题，其中 h1 是最高级别的标题，h6 是最低级别的标题。在编写 HTML 页面时，应该按照标题的层次结构来使用标题元素，以便浏览器和搜索引擎正确地理解页面的结构。例如，h1 应用于页面的主标题，h2 应用于页面的次级标题，依此类推。

任务三 表格标签

表格标签

知识准备

<table> 标签用于创建一个表格的 HTML 元素。表格由行和列组成，用于展示和组织具有结构化数据的内容。

<table> 标签的基本使用方法如下。

```
<table>
  <tr>
    <th>表头 1</th>
    <th>表头 2</th>
    <th>表头 3</th>
  </tr>
  <tr>
    <td>单元格 1</td>
    <td>单元格 2</td>
    <td>单元格 3</td>
  </tr>
  <tr>
    <td>单元格 4</td>
    <td>单元格 5</td>
    <td>单元格 6</td>
  </tr>
</table>
```

在上面的代码中，<table> 标签包含了 3 个 <tr> 标签，每个 <tr> 标签表示表格中的一行。表格的第一行通常是表头行，使用 <th> 标签定义每一列的表头。表格的其余行是数据行，使用 <td> 标签定义每个单元格的内容。

通过使用 <th> 和 <td> 标签，可以创建表格的表头和数据行。注意，每行中的列数应该相等，否则浏览器会自动调整表格的结构。

可以根据需要添加更多的行和列，以扩展表格的大小和内容。

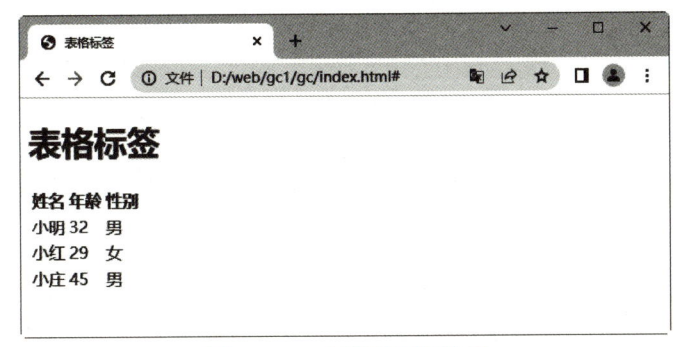

通过使用 <table>、<tr>、<th> 和 <td> 标签创建具有结构化数据的表格，并利用各种样式和属性来美化和定制表格的外观。

任务描述

（1）在页面中显示"表格标签"标题。

（2）显示一张表格。

（3）网页运行效果如图 1-11 所示。

图 1-11　网页运行效果

实现步骤

（1）启动 HBuilderX 软件，创建一个"普通项目"的"基本 HTML 项目"模板。

（2）编辑 index.html 文件，实现表格的显示，代码如下。

```html
<!DOCTYPE html>
<html>
<head>
    <title>表格标签</title>
</head>
<body>
    <h1>表格标签</h1>
    <table>
        <thead>
            <tr>
                <th>姓名</th>
                <th>年龄</th>
                <th>性别</th>
            </tr>
        </thead>
        <tbody>
            <tr>
```

```html
            <td>小明</td>
            <td>32</td>
            <td>男</td>
        </tr>
        <tr>
            <td>小红</td>
            <td>29</td>
            <td>女</td>
        </tr>
        <tr>
            <td>小庄</td>
            <td>45</td>
            <td>男</td>
        </tr>
    </tbody>
 </table>
</body>
</html>
```

（3）在浏览器中运行 index.html 文件，结果如图 1-11 所示。

<table> 等标签功能说明见表 1-4。

表 1-4 <table> 等标签功能说明

标签	功能
<table></table>	创建表格
<thead></thead>	创建表格的表头
<tr></tr>	定义表格的行，可以包括多个单元格
<th></th>	定义表头的一个单元格
<td></td>	定义一个单元格
<tbody></tbody>	表格的数据，可以包括多个表格的行

知识链接

<table> 标签用于定义 HTML 表格。

简单的 HTML 表格由 table 元素以及一个或多个 tr、th 或 td 元素组成。

更复杂的 HTML 表格也可能包括 caption、col、colgroup、thead、tfoot 以及 tbody 元素。

任务四 表单标签

知识准备

<form> 标签用于创建一个表单的 HTML 元素。表单提供了一种交互方式，用于向服务器提交数据或接收用户输入。通过使用 <form> 标签和各种表单元素，可以创建交互式的表单页面，用于收集用户的输入数据并提交到服务器进行处理。

1. <form> 标签的基本使用方法

```
<form action="/submit" method="post">
  <!-- 表单内容 -->
</form>
```

在上面的代码中，<form> 标签包含了一个 action 属性和一个 method 属性。action 属性指定了在提交表单时要将数据发送到的服务器端脚本文件的 URL。method 属性指定了提交表单的 HTTP 方法，可以是 get 或 post。

2. 表单内容

<form> 标签是一个表单（form）定义的开始，</form> 标签用于结束一个表单（form）的定义。在 HTML 中，<form> 开始标签和 </form> 结束标签之间的所有内容都被视为表单的内容。

一个表单可以包含各种表单元素，例如文本输入框、复选框、单选按钮、下拉列表等。这些表单元素必须放置在 <form> 标签内，以便与表单关联。

例 1.4.1：

```
<form action="/submit" method="post">
  <label for="name">姓名：</label>
  <input type="text" id="name" name="name"><br>
  <label for="email">邮箱：</label>
  <input type="email" id="email" name="email"><br>
  <label for="message">留言：</label>
  <textarea id="message" name="message"></textarea><br>
  <input type="submit" value="提交">
</form>
```

在这个例子中，表单包含了 3 个输入字段：姓名（文本输入框）、邮箱（电子邮件输入框）和留言（多行文本输入框）。最后，还有一个提交按钮（<input type="submit">），当用户单击该按钮时，表单数据将被发送到指定的服务器端脚本进行处理。

任务描述

（1）创建一个表单，表单包括"表格标签"标题。
（2）允许用户输入的内容包括姓名、电子邮箱、个人信息等。
（3）当不输入内容且提交时，提示必须输入内容。
（4）电子邮箱输入格式须符合电子邮箱格式规范。
（5）网页运行效果如图 1-12 所示。

图 1-12　网页运行效果

实现步骤

（1）启动 HBuilderX 软件，创建一个"普通项目"的"基本 HTML 项目"模板。
（2）编辑 index.html 文件，实现表单的功能，代码如下。

```html
<!DOCTYPE html>
<html>
<head>
    <title>表单标签</title>
</head>
<body>
    <h1>表单标签</h1>
    <form>
        <label for="name">姓名:</label>
        <input type="text" id="name" name="name" required>
        <label for="email">电子邮箱:</label>
        <input type="email" id="email" name="email" required>
        <label for="message">个人信息:</label>
        <textarea id="message" name="message" required></textarea>
        <button type="submit">提交</button>
    </form>
</body>
</html>
```

项目一 初识网页设计　17

（3）在浏览器中运行index.html文件，会看到1个显示表单的页面。标题是"表单标签"，表单包含3个输入字段和一个"提交"按钮。输入字段包括1个"姓名"输入文本框、1个"电子邮件"输入框和1个"个人信息"多行文本输入框，每个输入字段前面都有对应的提示标签。当提交表单时，浏览器将验证这3个字段是否填写，结果如图1-12所示。

知识链接

HTML 表单（form）是用于接收用户输入的交互式元素。表单由一组表单控件和一个"提交"按钮组成，用户可以在表单控件中输入信息，然后将表单提交给服务器进行处理。在 HTML 中，可以使用 <form> 标签创建表单，表单控件可以使用 <input>、<select>、<textarea> 等标签来定义。

例 1.4.2：

```html
<form action="submit.php" method="post">
  <label for="name">姓名：</label>
  <input type="text" id="name" name="name" required><br>
  <input type="submit" value="提交">
</form>
```

在上面的代码中，使用 <form> 标签创建了一个表单，指定了表单的提交地址（submit.php）和提交方式（post 或 get）。当表单提交时，将访问服务器的 submit.php 网页文件，".php"即常说的网站后台程序后缀。

需要注意的是，表单的提交方式（method）有两种：post 和 get。post 方式会将表单数据放在 HTTP 请求体中，更安全，适合传输敏感信息；而 get 方式会将表单数据放在 URL 参数中，一般用于查询操作。在表单中使用 post 方式提交表单时，需要在 <form> 标签中指定 method="post"；使用 get 方式提交表单时，则需要指定为 method="get"。

任务五　超链接标签

超链接标签

知识准备

<a> 标签用于创建一个锚点（anchor）或超链接（hyperlink）的 HTML 元素。
<a> 标签的基本使用方法如下。

```html
<a href="https://www.example.com">链接文本</a>
```

在上面的代码中，<a> 标签包含了一个 href 属性，该属性指定了要链接到的目标 URL。链接文本是用户将看到并可以单击的可单击文本。

href 属性的值应该是有效的 URL 或 URL 片段。可以是一个外部网址、内部页面的相对路径，或者文档中的一个锚点标识。

1. 锚点

在 HTML 页面中，可以使用锚点创建内部导航链接，以便快速定位到页面的特定位置。锚点是页面中的命名标签，可以通过单击超链接或使用 JavaScript 脚本跳转至该标签所在的位置。

创建锚点的基本方法如下。

（1）创建锚点标记：在要作为锚点的位置添加一个带有唯一标识符（ID）的元素。可以使用 <a>、<div>、<h1> 等任何合法的 HTML 元素。

```
<h2 id='anchor1'>标题1</h2>
```

在上面的代码中，<h2> 元素被指定了 id="anchor1"，成为一个锚点标签。

（2）创建内部导航链接：在页面的其他位置创建超链接，将其指向锚点标签的 ID。可以使用 <a> 标签，并在 href 属性中加上以 # 开头的锚点标签的 ID。

```
<a href='#anchor1'>跳转到标题1的位置</a>
```

在上面的 <a href="#anchor1"> 标签页面中，单击超链接时将会滚动至 ID 为 anchor1 的锚点位置。

2. target 属性

除了基本的超链接，<a> 标签还可以通过其他属性来增强其功能和样式。例如，可以使用 target 属性指定超链接打开的方式（在当前窗口中打开还是在新窗口或新标签页中打开），或者使用 title 属性添加鼠标悬停时显示的提示信息。

target 属性用于定义超链接在何处打开或加载超链接的目标窗口、窗体或框架。

可以将 target 属性添加到 <a> 标签中，也可以应用于表单的"提交"按钮等其他元素。

target 常见属性值及其含义如下。

（1）_self：默认值，超链接在当前窗口中打开。

（2）_blank：超链接在新窗口或新标签页中打开。

（3）_parent：超链接在父级窗口或父级框架中打开。

（4）_top：超链接在顶层窗口或整个窗口中打开。

（5）framename：超链接在指定名称的窗体或框架中打开。

例 1.5.1：

```
<a href="https://www.example.com" target="_blank">在新窗口中打开链接</a>
```

在上面的例子中，单击该超链接时，将在一个新的窗口或标签页中打开 https://www.example.com 页面。

target 属性还可以与 JavaScript 一起使用，通过指定一个已命名的窗口或框架来加载超链接。

通过使用 <a> 标签和相应的属性，可以创建各种类型的超链接，包括外部链接、内部页内导航、电子邮件、电话号码以及执行 JavaScript 函数等。可以通过 CSS 样式来自定义超链接的外观和交互效果。

任务描述

（1）在 index.html 页面上创建"超链接标签"标题，并设置样式：背景色、水平居中。

（2）创建 3 个超链接按钮，设置样式：蓝色背景色、白色字体、适当的内边距。

（3）单击"空链接"按钮，链接目标为空。

（4）单击"链接到本地网页"按钮，链接到 index2.html 文件。

（5）单击"链接到外网（学习强国）"按钮，链接到"学习强国"官网。

（6）网页运行效果如图 1-13 所示。

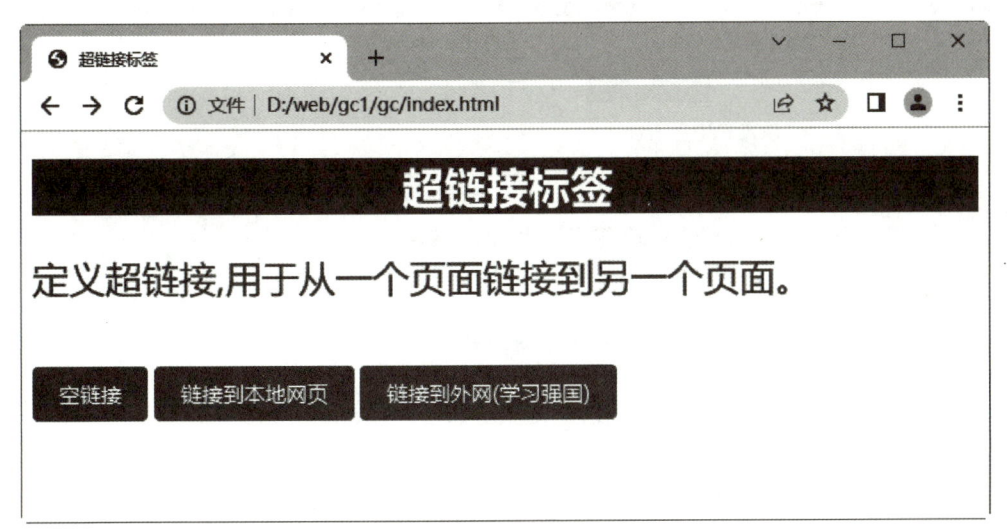

图 1-13　网页运行效果

实现步骤

（1）启动 HBuilderX 软件，创建一个"普通项目"的"基本 HTML 项目"模板。

（2）编辑 index.html 文件，在 <body> 中"添加 <h1> 超链接标签 </h1>"标签实现显示标题功能；添加"<p> 定义超链接，用于从一个页面链接到另一个页面。</p>"标签实现页面功能简要说明功能；添加"<a href="#" class="button"> 空链接 </a>"标签实现链接到空目标的功能；添加"<a href="index2.html" class="button"> 链接到本地网页 </a>"标签实现链接到 index2.html 文件的功能；添加"<a href="https://www.xuexi.cn/" class="button"> 链接到外网（学习强国）</a>"标签实现链接到"学习强国"官网的功能，如图 1-14 所示。

```
31  <body>
32      <h1>超链接标签</h1>
33      <p>定义超链接,用于从一个页面链接到另一个页面。</p>
34      <a href="#" class="button">空链接</a>
35      <a href="index2.html" class="button">链接到本地网页</a>
36      <a href="https://www.xuexi.cn/" class="button">链接到外网(学习强国)</a>
37  </body>
38  </html>
```

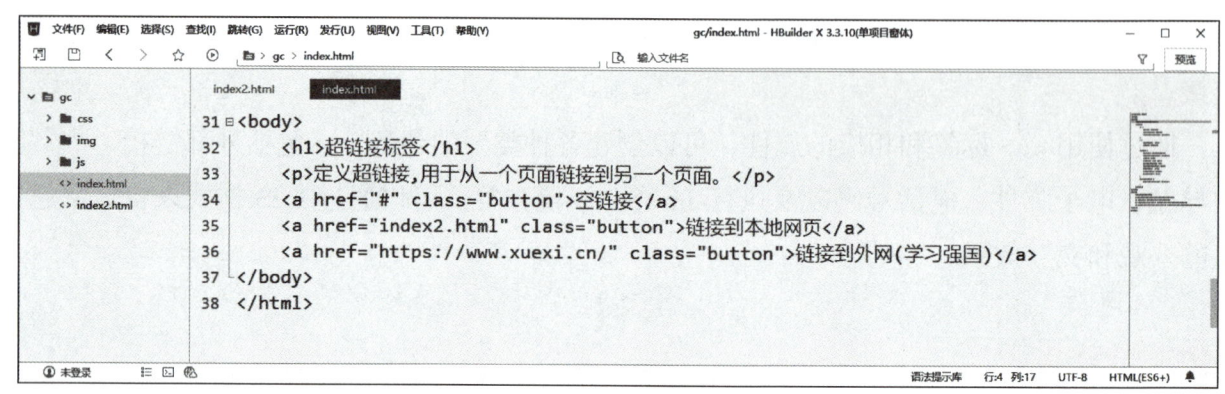

图 1-14 编辑 index.html 文件

（3）编辑 index.html 文件，在 <style> 标签中添加 "h1 {color: #ffffff;text-align: center; background-color: #aa0000;}" 样式，设置标签 <h1> 样式属性，前景色 color 为 #ffffff，设置文本对齐方式 text-align 为 center，设置背景色 background-color 为 #aa0000；添加 "p {font-size: 28px;color: #ff0000;}" 样式，设置标签 <p> 样式属性，字体大小 font-size 为 28px，前景色 color 为 #ff0000，如图 1-15 所示。

```
1   <!DOCTYPE html>
2   <html>
3   <head>
4       <title>超链接标签</title>
5       <style>
6           h1 {
7               color: #ffffff;
8               text-align: center;
9               background-color: #aa0000;
10          }
11          p {
12              font-size: 28px;
13              color: #ff0000;
14          }
```

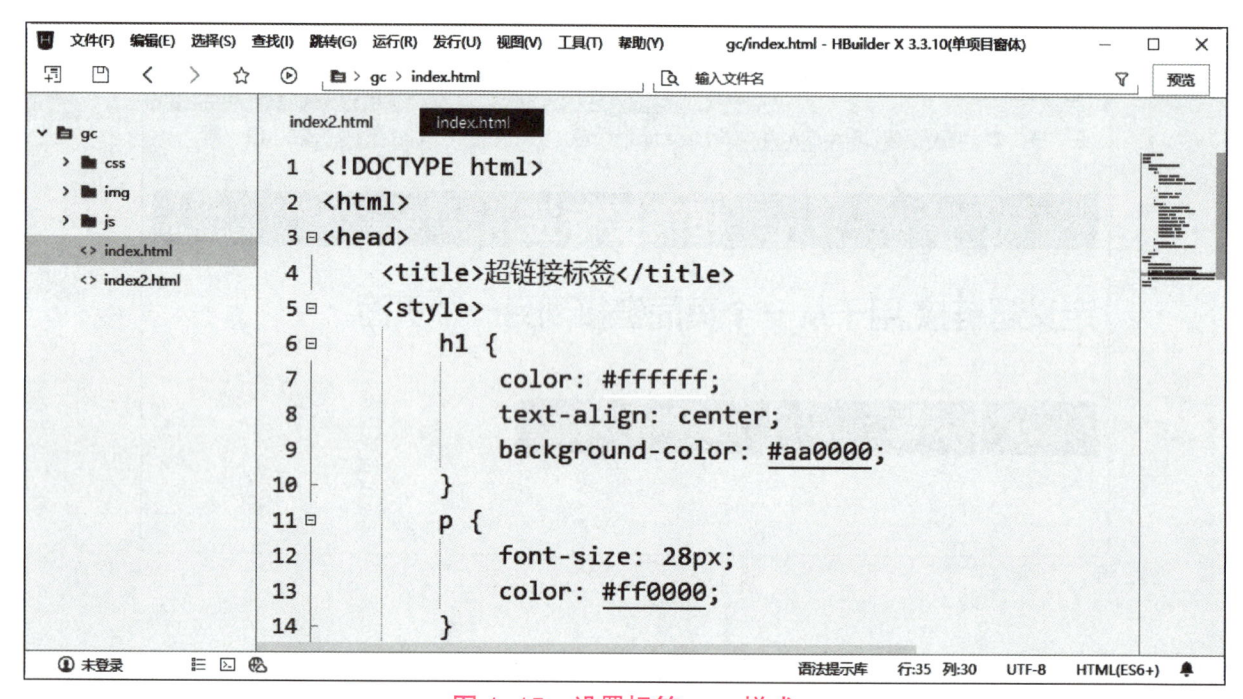

图 1-15 设置标签 <p> 样式

（4）添加 ".button {display: inline-block;background-color: #0099ff;color: #fff; padding: 10px 20px;border-radius:5px;text-decoration: none;font-size: 16px;text-align: center;margin-top: 20px;}" 样式，设置 class 名为 button 的标签样式属性，设置显示方式 display 为 inline-block，实现同行显示效果，设置背景色 background-color 为 #0099ff，设置前景色 color 为 #fff，设置内边距 padding 为 10px 20px，实现上下内边距为 10px，左右内边距为 20px，设置圆角半径 border-radius 为 5px，设置文本下划线 text-decoration 为 none，取消下划线，设置字号 font-size 为 16px，设置文本对齐方式 text-align 为 center，设置上外边距 margin-top 为 20px；添加

".button:hover {background-color: #0066cc;}" 样式，设置 class 名为 button 的标签在鼠标悬停时的样式属性，设置背景色 background-color 为 #0066cc，如图 1-16 所示。

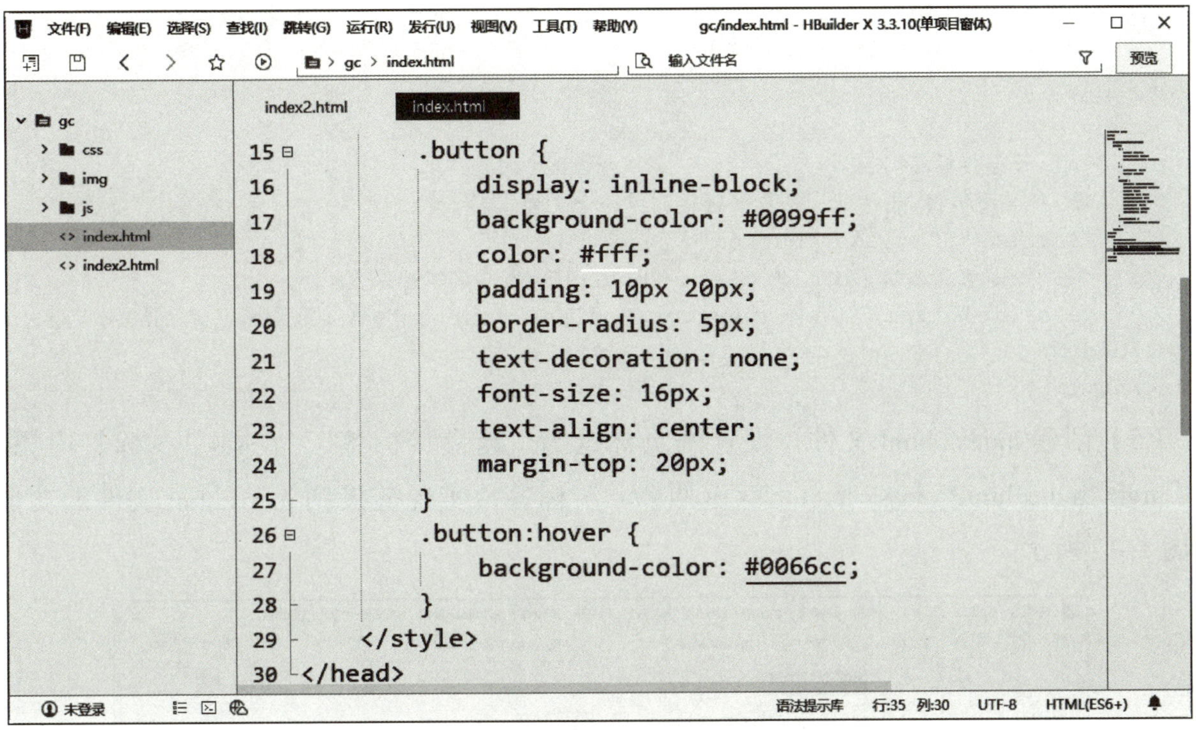

图 1-16　添加 .button {} 样式

index.html 文件的代码如下。

```
<!DOCTYPE html>
<html>
<head>
    <title>超链接标签</title>
    <style>
        h1{
            color:#ffffff;
            text-align:center;
            background-color:#aa0000;
        }
        p{
            font-size:28px;
            color:#ff0000;
        }
        .button{
            display:inline-block;
            background-color:#0099ff;
            color:#fff;
            padding:10px 20px;
            border-radius:5px;
            text-decoration:none;
            font-size:16px;
            text-align:center;
            margin-top:20px;
```

```
            }
            .button:hover{
                background-color:#0066cc;
            }
        </style>
    </head>
    <body>
        <h1>超链接标签</h1>
        <p>定义超链接,用于从一个页面链接到另一个页面。</p>
        <a href="#" class="button">空链接</a>
        <a href="index2.html" class="button">链接到本地网页</a>
        <a href="https://www.xuexi.cn/" class="button">链接到外网（学习强国）</a>
    </body>
</html>
```

（5）创建 index2.html 文件，设置网页标题为"超链接标签"，在 <body> 标签内添加 "<a href="index.html" class="button"> 返回 </a>"标签，实现链接到 index.html 文件的功能，如图 1-17 所示。

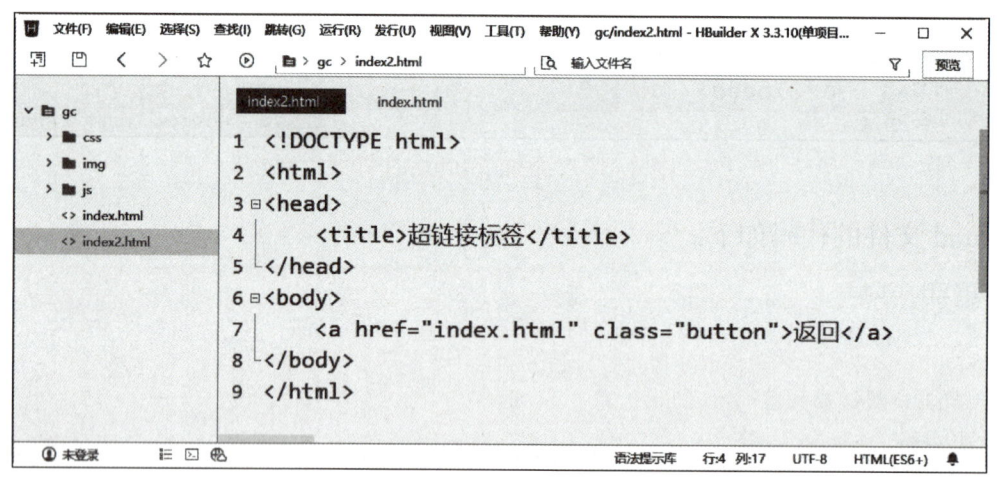

图 1-17　创建 index2.html 文件

index2.html 文件的代码如下。

```
<!DOCTYPE html>
<html>
<head>
    <title>超链接标签</title>
</head>
<body>
    <a href="index.html" class="button">返回</a>
</body>
</html>
```

（6）在浏览器中运行 index.html 文件，单击"空链接"按钮，没有打开任何新网页，单击"链接到外网（学习强国）"按钮能打开"学习强国"官网，单击"链接到本地网页"按钮能打开 index2.html 页面，在 index2.html 页面中单击"返回"超链接能返回 index.html 页面，如图 1-18 所示。

项目一 初识网页设计 23

图 1-18 单击"返回"超链接

h1{} 等样式功能说明见表 1-5。

表 1-5 h1{} 等样式功能说明

样式	功能

h1{
　color:#ffffff;
　text-align:center;
　background-color:#aa0000;
}
	对 \<h1> 标签进行样式设置：
	color: #ffffff 设置字号为 28 像素；
	text-align: center 设置文本对齐方式为水平居中；
	background-color: #aa0000 设置背景色为 aa0000

p{
　font-size:28px;
　color:#ff0000;
}
	对 \<p> 标签进行样式设置：
	font-size: 28px 设置字号为 28 像素；
	color: #ff0000 设置前景色为 #ff0000

.button{
　display:inline-block;
　background-color:#0099ff;
　color:#fff;
　padding:10px 20px;
　border-radius:5px;
　text-decoration:none;
　font-size:16px;
　　text-align:center;
　margin-top:20px;
}
	对 class 名称为 button 的标签进行样式设置：
	display: inline-block 设置显示方式为同行效果；
	background-color: #0099ff 设置背景色为 #0099ff；
	color: #fff 设置前景色为 #fff；
	padding: 10px 20px 设置上下内边距为 10 像素，左右内边距为 20 像素；
	border-radius: 5px 设置圆角半径为 5 像素；
	text-decoration: none 设置 \<a> 标签的下划线为无；
	font-size: 16px 设置字号为 16 像素；
	text-align: center 设置文本对齐方式为水平居中；
	margin-top: 20px 设置上外边距为 20 像素

.button:hover{
　　background-color:#0066cc;
}
	对 class 名称为 button 的标签进行样式设置：
	:hover 样式在鼠标指针悬停时有效；
	background-color: #0066cc 设置背景色为 #0066cc

知识链接

\<a> 是 HTML 语言标签。\<a> 标签定义超链接，用于从一个页面链接到另一个页面。a 元素最重要的属性是 href 属性，它指定超链接的目标。

任务六 自定义样式的登录页面

知识准备

<style> 标签是 HTML 中用来定义内部样式的标签。它可以在 HTML 页面的 <head> 部分或任何支持嵌入标签的位置使用。

在 <style> 标签内，可以编写 CSS 规则，用于定义页面元素的样式。

1. 使用 <style> 标签

使用 <style></style> 标签，可以将样式规则直接嵌入 HTML 页面，而无须链接外部样式表文件。这对于仅在特定页面或特定元素中使用少量样式的情况非常有用。然而，对于较大的样式集合和多个页面之间的共享样式，通常更好地使用外部样式表文件。

例 1.6.1：在 HTML 页面中使用 <style> 标签。代码如下。

```
<!DOCTYPE html>
<html>
<head>
  <title>样式示例</title>
  <style>
    /* CSS 规则 */
    h1{
      color:blue;
      }
    p{
      color:red;
      }
  </style>
</head>
<body>
  <h1>这是一个标题</h1>
  <p>这是一个段落</p>
</body>
</html>
```

在上面的代码中，<style></style> 标签对位于 <head></head> 标签对之间。在 <style> 标签内部定义了两个 CSS 规则：一个应用于 h1 元素，另一个应用于 p 元素。每个规则由选择器、花括号和一组样式属性和值组成。

2. CSS（层叠样式表）

CSS 是一种用于定义网页外观和布局的样式表语言。它通过为 HTML 或 XML 文档中的元素应用样式规则来控制这些元素在浏览器中的呈现方式。

CSS 的设计目标是将样式从文档内容中分离出来，可以方便地修改样式而不影响文档结构，同时也提供了更大的灵活性和可重用性。

CSS 样式规则由选择器（Selector）和一组属性声明（Property Declaration）组成，具体的格式如下。

```
selector{
  property1:value1;
  property2:value2;
  /* 更多属性声明 */
}
```

其中的关键组成部分如下。

1）选择器

选择器用于选择要应用样式的 HTML 元素或元素组合。可以使用元素选择器、类选择器、ID 选择器、属性选择器、伪类和伪元素等定位目标元素。

2）属性声明

属性声明指定要修改的样式属性及其对应的值（value）。可以设置诸如颜色、字体、尺寸、边框、背景等属性。

3. CSS 的 3 种方式

可以通过以下 3 种方式将 CSS 应用到 HTML 页面上。

1）内联样式（Inline Styles）

直接在 HTML 元素的 style 属性中指定样式规则，如 <h1 style="color: blue;">Hello</h1>。

2）内部样式表（Embedded Stylesheet）

使用 <style> 标签将样式规则嵌入 HTML 页面的 <head> 部分，例如：

```
<head>
  <style>
    h1{
      color:blue;
    }
  </style>
</head>
```

3）外部样式表（External Stylesheet）

将样式规则保存在一个独立的 ".css" 文件中，并通过 <link> 标签将其链接到 HTML 页面，例如：

```
<head>
  <link rel="stylesheet" href="styles.css">
</head>
```

CSS 不仅可以改变文本的颜色、字体、大小等外观属性，还能控制元素的布局、位置、动画效果等，使网页更加美观和可交互。通过为不同的元素定义不同的样式规则，可以实现高度个性化的网页设计和用户体验。

4. CSS 规则

CSS 规则可以包含多个属性声明，每个属性声明占据一行，每行的属性声明使用分号";"结束。

还可以使用注释（以"/*"开始，以"*/"结束）来提供对样式规则的解释说明。

CSS 规则的基本结构如下。

```
selector{
  property:value;
  /*可写更多属性声明 */
}
```

属性声明指定要修改的样式属性及其对应的值。属性声明由属性名和属性值组成，中间使用冒号":"分隔。

值为属性指定的具体值，表示要应用的样式效果。

例 1.6.2：

```
/* 设置h1元素样式规则, 包括两个属性。 */
h1{
  color:blue;
  font-size:24px;
}
```

在上述代码中，CSS 规则将应用于 h1 元素，第一个属性设置文本颜色为蓝色，第二个属性设置字体大小为 24 像素。

通过编写适当的 CSS 规则，可以控制 HTML 元素的外观、布局和交互效果。可以设置字体、颜色、边框、背景等样式属性，以及定位、大小、对齐等布局属性。根据选择器的不同，可以选择单个元素、一组元素或整个文档来应用样式规则。

任务描述

（1）设计一个登录页面，提供用户名、密码等信息的输入功能。

（2）"登录"标题水平居中，设背景色为灰色，字体颜色为白色。

（3）文本居中对齐。

（4）"登录"按钮背景为蓝色，字体为白色。

（5）网页运行效果如图 1-19 所示。

图 1-19　网页运行效果

实现步骤

（1）启动 HBuilderX 软件，创建一个"普通项目"的"基本 HTML 项目"模板。

（2）编辑 index.html 文件，在 <body> 标签中添加"<header><h1> 登录 </h1></header>"标签，实现显示标题功能；添加 <form> </form> 表单标签，在表单标签中添加以下标签：

```
<label for="username">用户名:</label>
<input type="text" id="username" name="username" required>
<label for="password">密码:</label>
<input type="password" id="password" name="password" required>
<button type="submit">登录</button>
```

实现表单提供用户名、密码等信息输入的功能，如图 1-19 所示。

（3）在 index.html 文件的 <style> 标签中添加 body {}、header {}、form {}、label {}、input[type="text"], input[type="password"] {}、button {}、button:hover {} 等样式，样式属性参考 index.html 文件代码。

index.html 文件代码如下。

```
<!DOCTYPE html>
<html>
<head>
    <title>登录</title>
    <style>
        body{
            padding:0;
            margin:0;
        }
        header{
            background-color:#999999;
            color:#fff;
            padding:20px;
            text-align:center;
        }
        form{
            padding:20px;
            display:flex;
            flex-direction:column;
            align-items:center;
        }
        label{
            margin-bottom:10px;
            font-size:18px;
        }
        input[type="text"],input[type="password"]{
            padding:8px;
            font-size:16px;
            border:1px solid #ccc;
            border-radius:5px;
```

```
            width:100%;
            margin-bottom:20px;
            box-sizing:border-box;
        }
        button{
            background-color:#007bff;
            color:#fff;
            padding:10px;
            border:none;
            border-radius:5px;
            font-size:16px;
            cursor:pointer;
            width:100%;
        }
        button:hover{
            background-color:#0069d9;
        }
    </style>
</head>
<body>
    <header>
        <h1>登录</h1>
    </header>
    <form>
        <label for="username">用户名:</label>
        <input type="text" id="username" name="username" required>
        <label for="password">密码:</label>
        <input type="password" id="password" name="password" required>
        <button type="submit">登录</button>
    </form>
</body>
</html>
```

body {} 样式功能见表1-6。

表1-6　body {} 样式功能说明

样式	功能

body{
　　padding:0;
　　margin:0;
}
	对 <body> 标签进行样式设置：
	padding: 0 设置内边距为 0；
	margin 设置外边距为 0

header{
　　background-color:#999999;
　　color:#fff;
　　padding:20px;
　　text-align:center;
}
	对 <header> 标签进行样式设置：
	background-color: #999999 设置背景颜色为 #999999；
	color: #fff 设置前景色为 #fff；
	padding: 20px 设置内边距为 20 像素；
	text-align: center 设置文本对齐方式为居中

续表

样式	功能

`form{`
    `padding:20px;`
    `display:flex;`
    `flex-direction:column;`
    `align-items:center;`
`}`
	对 \<form\> 标签进行样式设置：
	padding: 20px 设置内边距为 20 像素；
	display: flex 设置显示方式为 flex；
	flex-direction: column 设置项目的排列方向为垂直方向，从上到下排列；
	align-items: center 设置项目的垂直方向对齐方式为居中

`label{`
    `margin-bottom:10px;`
    `font-size:18px;`
`}`
	对 \<label\> 标签进行样式设置：
	margin-bottom 设置外边距为 10 像素；
	font-size: 18px 设置字体尺寸为 18 像素

`input[type="text"],`
`input[type="password"]{`
    `padding:8px;`
    `font-size:16px;`
    `border:1px solid #ccc;`
    `border-radius:5px;`
    `width:100%;`
    `margin-bottom:20px;`
    `box-sizing:border-box;`
`}`
	对 \<input\> 标签进行样式设置：
	对 type="text" 和 type="password" 的所有 \<input\> 标签设置属性；
	padding: 8px 设置内边距为 8 像素；
	font-size: 16px 设置字体大小为 16 像素；
	border: 1px solid #ccc 设置边框线大小为 1 像素，线型为 solid，solid 表示实线，线的颜色为 #ccc；
	border-radius: 5px 设置边角半径为 5 像素，呈现圆角效果；
	width: 100% 设置宽度为 100%；
	margin-bottom: 20px 设置下外边距为 20 像素；
	box-sizing: border-box 设置标签的尺寸为 border-box，即改变边框时，不影响标签的总体大小

`button{`
    `background-color:#007bff;`
    `color:#fff;`
    `padding:10px;`
    `border:none;`
    `border-radius:5px;`
    `font-size:16px;`
    `cursor:pointer;`
    `width:100%;`
`}`
	对 \<button\> 标签进行样式设置：
	background-color: #007bff 设置背景色为 #007bff；
	color: #fff 设置前景色为 #fff；
	padding: 10px 设置左右上下内边距均为 10 像素；
	border: none 设置边框线为无；
	border-radius: 5px 设置圆角半径为 5 像素；
	font-size: 16px 设置字体尺寸为 16 像素；
	cursor: pointer 设置鼠标指针图形为手指型；
	width: 100% 设置宽度为 100%

`button:hover{`
    `background-color:#0069d9;`
`}`
	对 \<button\> 标签在鼠标悬停时进行样式设置：
	background-color: #0069d9 设置背景色为 #0069d9

<header> 等标签功能说明见表 1-7。

表 1-7 <header> 等标签功能说明

标签	功能

`<header>`
　　`<h1>` 登录 `</h1>`
`</header>`
	定义文档的页眉，设置"登录"标题

`<form></form>`	定义表单，其中包含用户名和密码的输入框以及"登录"按钮。
`<label for="username">` 用户名：`</label>`	定义标注（标记），for="username" 的值与对应 <input> 标签的 id="username" 的值匹配

`<input type="text"`
`id="username"`
`name="username"`
`required>`
	定义用户输入框，规定了用户可以在其中输入的类型 type 为 text 型，id 为 username，name 为 username，required 表示要求为"必须填写"才可以提交

`<label for="password">` 密码：`</label>`	定义标注（标记），for="password" 的值与对应 <input> 标签的 id="password" 的值匹配

`<input type="password"`
`id="password"`
`name="password"`
`required>`
	定义密码输入框，规定了用户可以在其中输入的数据类型 type 为 password 型，输入时非明文显示，id 为 password，name 为 password，required 表示要求为"必须填写"才可以提交

`<button type="submit">` 登录 `</button>`	用于定义提交按钮，当用户单击该按钮时，表单中的数据将被发送至服务器进行验证

知识链接

1. 弹性布局

display:flex 的意思是弹性布局，它能够扩展和收缩弹性容器内的元素，以最大限度地填充可用空间。Flex 是 Flexible 的缩写，意为"弹性布局"。

采用弹性布局的元素，称为弹性容器（flex container），简称"容器"。它的所有子元素自动成为容器成员，称为弹性项目（flex item），简称"项目"。

2. 什么是 CSS

CSS 指层叠样式表 (Cascading Style Sheets)。

使用 CSS 设计网页的样式，可以设置标签文字的大小、颜色、字体加粗等样式，还可以设置浮动、定位等样式，形成一定的页面布局效果，让网页更加丰富多彩，达到美化网页界面的效果。

任务七 自定义样式的注册页面

知识准备

自定义样式的
注册页面

1. <label> 标签

<label> 标签通常用于定义 HTML 表单中的标签，它通常与表单控件 <input> 配合使用，为控件提供描述或提示文本。

<label> 标签可以通过两种方式与表单控件关联。

1）使用 for 属性

将 <label> 标签的 for 属性设置为目标表单控件的 id 值，以建立关联。当用户单击标签时，相应的表单控件就会获得焦点或呈选中状态。例如：

```
<label for="username">Username:</label>
<input type="text" id="username">
```

在上述代码中，<label> 标签与 input 元素关联，通过 for 属性的值 username 指定了目标表单控件的 id。

2）将表单控件嵌套在 <label> 标签内部

直接将表单控件放置在 <label> 标签内部，不需要使用 for 属性。例如：

```
<label>
  Username:
  <input type="text">
</label>
```

在上述代码中，<label> 标签将文本 Username: 与 input 元素包裹在一起，无须额外的属性来建立关联。

使用 <label> 标签的好处是可以增强表单的可用性和可访问性。用户可以单击标签来选中关联的表单控件，不仅扩大了鼠标目标区域，还使得在触摸屏设备上更容易选择表单控件。另外，屏幕阅读器会将 <label> 标签的文本与关联的表单控件一起读取，提高可访问性。

2. <input> 标签

<input> 标签是 HTML 中用于创建各种表单控件的标签，用于接收和处理用户的输入数据。<input> 标签的常见类型见表 1-8。

<input> 标签的基本使用方法如下。

```
<input type="text" name="username">
```

在上面的代码中，<input> 标签用于创建一个文本输入框。type 属性指定了文本输入框的类型为 text，name 属性定义了文本输入框的名称，用于在提交表单时标识文本输入框的值。

表 1-8 <input> 标签的常见类型

类型	说明
type="text"	文本输入框
type="password"	密码输入框，输入的字符会被隐藏
type="number"	数字输入框，只允许输入数字
type="email"	电子邮件地址输入框，会验证输入内容是否符合电子邮件格式
type="checkbox"	复选框，可以让用户选择一个或多个选项
type="radio"	单选按钮，用户只能选择其中一个选项
type="submit"	提交按钮，用于提交表单数据到服务器
type="reset"	重置按钮，用于重置表单的值到初始状态
type="file"	文件上传控件，用于选择并上传文件

除了上述常见类型外，还有其他一些特殊类型和属性，如日期选择、颜色选择、范围输入等，可以通过适当的 type 属性和相应的属性进行定义和使用。

通过使用 <input> 标签，可以创建各种不同类型的表单控件，用于接收和处理用户的输入数据。可以通过其他属性（如 value、placeholder、required 等）来设置默认值、占位符、必填项等。可以结合其他 HTML 元素和属性，如 label、form、select 等来构建完整的表单页面。

任务描述

（1）设计一个注册页面，提供用户名、邮箱、密码、确认密码等信息的输入功能。

（2）"注册"标题靠左对齐，设置背景色为灰色，字体颜色为白色。

（3）其他文本在页面中水平居中。

（4）"注册"按钮背景为蓝色，字体为白色。

（5）网页运行效果如图 1-20 所示。

图 1-20 网页运行效果

实现步骤

（1）启动 HBuilderX 软件，创建一个"普通项目"的"基本 HTML 项目"模板。

（2）编辑 index.html 文件，在 <body> 标签中添加以下内容。

```html
<header>
    <h1>注册</h1>
</header>
<form>
    <label for="fullname">姓名:</label>
    <input type="text" id="fullname" name="fullname" required>
    <label for="email">邮箱:</label>
    <input type="email" id="email" name="email" required>
    <label for="newpassword">密码:</label>
    <input type="password" id="newpassword" name="newpassword" required>
    <label for="password">确认密码:</label>
    <input type="password" id="repassword" name="repassword" required>
    <button type="submit">注册</button>
</form>
```

实现姓名、邮箱、密码、确认密码等信息输入的功能，在"css"目录创建 mycss.css 文件，在 index.html 文件中输入"<link rel="stylesheet" type="text/css" href="css/mycss.css"/>"命令，使用 <link> 标签将外部样式表文件 mycss.css 链接到 HTML 文档中，如图 1-21 所示。

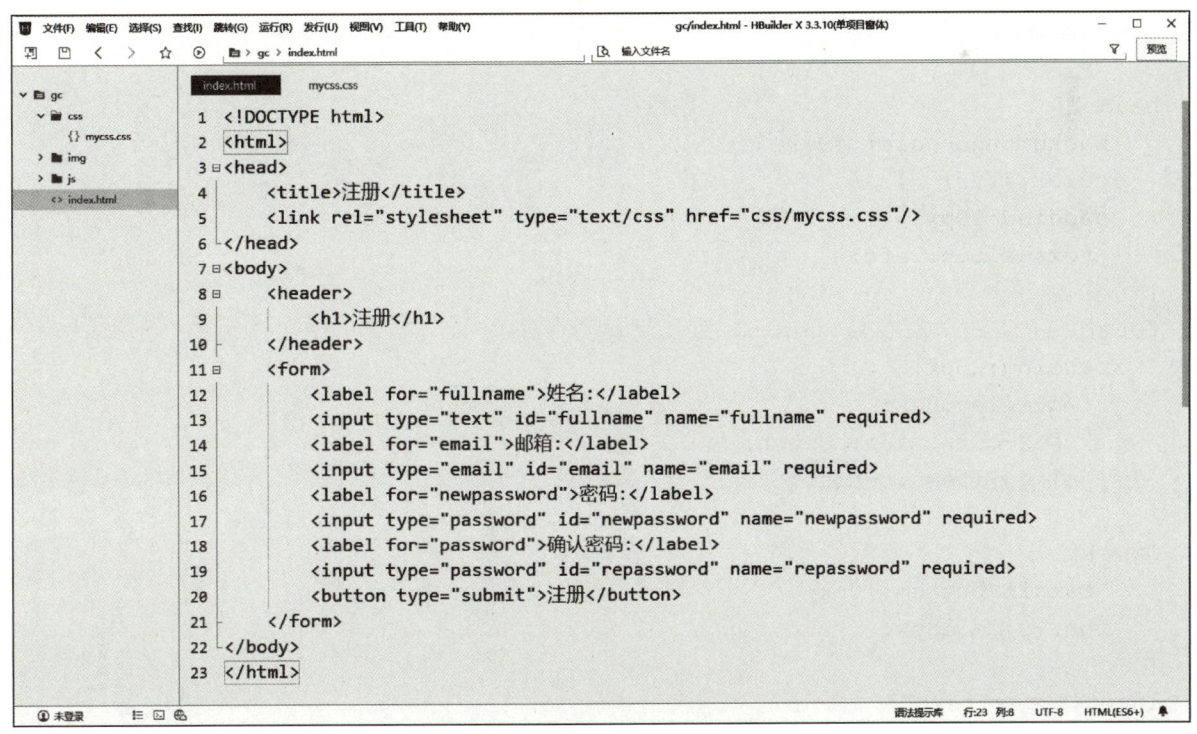

图 1-21　编辑 index.html 文件

（3）index.html 文件的代码如下。

```
<!DOCTYPE html>
<html>
```

```html
<head>
    <title>注册</title>
    <link rel="stylesheet" type="text/css" href="css/mycss.css"/>
</head>
<body>
    <header>
        <h1>注册</h1>
    </header>
    <form>
        <label for="fullname">姓名:</label>
        <input type="text" id="fullname" name="fullname" required>
        <label for="email">邮箱:</label>
        <input type="email" id="email" name="email" required>
        <label for="newpassword">密码:</label>
        <input type="password" id="newpassword" name="newpassword" required>
        <label for="password">确认密码:</label>
        <input type="password" id="repassword" name="repassword" required>
        <button type="submit">注册</button>
    </form>
</body>
</html>
```

（4）打开 mycss.css 文件，创建 body {} 等样式，代码如下。

```css
body{
    padding:0;
    margin:0;
}
header{
    background-color:#9e9e9e;
    color:#fff;
    padding:10px;
    text-align:left;
}
form{
    padding:20px;
    display:flex;
    flex-direction:column;
    align-items:center;
}
label{
    margin-bottom:10px;
    font-size:18px;
}
input[type="text"],
input[type="email"],
input[type="password"]{
    padding:8px;
    font-size:16px;
    border:1px solid #ccc;
    border-radius:5px;
```

```
            width:100%;
            margin-bottom:20px;
            box-sizing:border-box;
    }
    button{
        background-color:#007bff;
        color:#fff;
        padding:10px;
        border:none;
         border-radius:5px;
            font-size:16px;
            cursor:pointer;
            width:100%;
    }
    button:hover{
            background-color:#0069d9;
    }
```

header {} 等样式部分功能说明见表 1-9。

表 1-9　header {} 等样式部分功能说明

样式	功能

`header{`
`    background-color:#9e9e9e;`
`    color:#fff;`
`    padding:10px;`
`     text-align:left;`
`}`
	对 \<header\> 标签进行样式设置：
	background-color: #9e9e9e 设置背景颜色为 #9e9e9e；
	color: #fff 设置前景色为 #fff；
	padding: 20px 设置内边距为 10 像素；
	text-align: left 设置文本对齐方式为左对齐

`input[type="text"],`
`input[type="email"],`
`input[type="password"]{`
`}`
	对 \<input\> 标签进行样式设置：
	对 type="text" 或 type="password" 或 type="email" 的所有 \<input\> 标签设置属性

知识链接

CSS 是一种用于控制网页样式和布局的语言。在 HTML 网页中引入 CSS 的方式通常有以下 3 种：①内联样式表；②嵌入式样式表；③外部样式表。

本任务采用的是外部样式表，将 CSS 样式存储在单独的 ".css" 文件中，通过 \<link\> 标签将其引入 HTML 文档。外部样式表可以在多个 HTML 文档中共用，而且可以被浏览器缓存，从而提高网站的性能，例如：

`<link rel="stylesheet" type="text/css" href="css/mycss.css"/>`

需要注意的是，不同类型的样式表具有不同的优先级。内联样式表的优先级最高，其次是嵌入式样式表，最后是外部样式表。

任务八　自定义样式的问卷表单页面

知识准备

1. placeholder 属性

placeholder 是 <input> 标签的一个属性，用于在文本输入框中提供一个占位符（placeholder）文本。占位符文本会在用户未输入任何内容时显示在文本输入框内，通常用于提示用户输入预期的值或格式。

例 1.8.1：

```
<input type="text" name="username" placeholder="请输入用户名">
```

在上述代码中，文本输入框会显示"请输入用户名"的占位符文本，起到提示用户的作用，当用户开始在文本输入框中输入内容时，占位符文本会自动消失。这样可以提供一种简单的方式来指导用户输入所需的数据。

placeholder 属性还可以应用于其他类型的 <input> 控件，例如密码输入框、搜索框等。

例 1.8.2：

```
<input type="password" name="password" placeholder="请输入密码">
<input type="search" name="search" placeholder="请输入搜索关键词">
```

在上述代码中，密码输入框和搜索框也都使用了 placeholder 属性，并提供了相应的占位符文本。

需要注意的是，占位符文本只是一个提示，不应该替代标签或说明，特别是对于关键信息或必填字段。在用户开始输入内容时，占位符文本会被实际输入内容替代。

通过使用 placeholder 属性，可以为文本输入框提供有用的提示文本，改善用户体验并提高表单的人机交互效果。

2. required 属性

required 是 <input> 标签的一个属性，用于指定在提交表单时该文本输入框所需填写的内容是否为必填项。

当使用 required 属性时，如果用户没有填写该文本输入框的内容，或者填写的内容不符合要求（例如空白或无效格式），则在提交表单时会显示错误提示，并阻止表单的提交。

例 1.8.3：

```
<input type="text" id="username" name="username" placeholder="输入用户名" required>
```

在上述代码中，<input> 标签添加了 required 属性，表示在提交表单时，该文本输入框接受的 username 值是必填项。如果用户未在文本输入框中输入任何内容，或者输入的内容为空白，则提交表单时会显示错误提示，要求用户填写该字段。

使用 required 属性可以确保用户在提交表单之前提供必要的信息，从而避免空白或缺失的数据。

通过使用 required 属性，可以强制要求用户在特定的文本输入框中填写内容，并在提交表单时进行验证，以提高数据的准确性和完整性。

3. checked 属性

checked 是 <input> 标签中用于单选按钮（type="radio"）或复选框（type="checkbox"）的属性。

当设置 checked 属性时，表示该单选按钮或复选框在页面加载时应该处于被选中状态，默认选中该选项。

例 1.8.4： 使用 checked 属性设置单选按钮的默认选项。代码如下。

```
<input type="radio" id="male" name="gender" value="male" checked>
<label for="male">男</label>
<input type="radio" id="female" name="gender" value="female">
<label for="female">女</label>
```

在上述代码中，单选按钮组包含两个选项"男"和"女"。通过在其中一个单选按钮上设置 checked 属性，例如 <input type="radio" checked>，在页面加载时将默认选中该选项。

需要注意的是，每个单选按钮组中只能有一个选项被选中。如果多个单选按钮具有相同的 name 属性，只有其中一个可以设置为 checked。

对于复选框，可以使用类似的方式设置默认选中状态，不同的是，一组复选框可以设置多个选项被选中。

通过使用 checked 属性，可以在页面加载时将特定的单选按钮或复选框设置为默认选中状态。

任务描述

（1）设计一个问卷表单页面，提供姓名、电子邮箱、电话等信息的输入功能。

（2）提供"性别"的单选项功能。

（3）提供"兴趣"的多选项功能。

（4）提供"所在城市"的下拉选择功能。

（5）网页运行效果如图 1-22 所示。

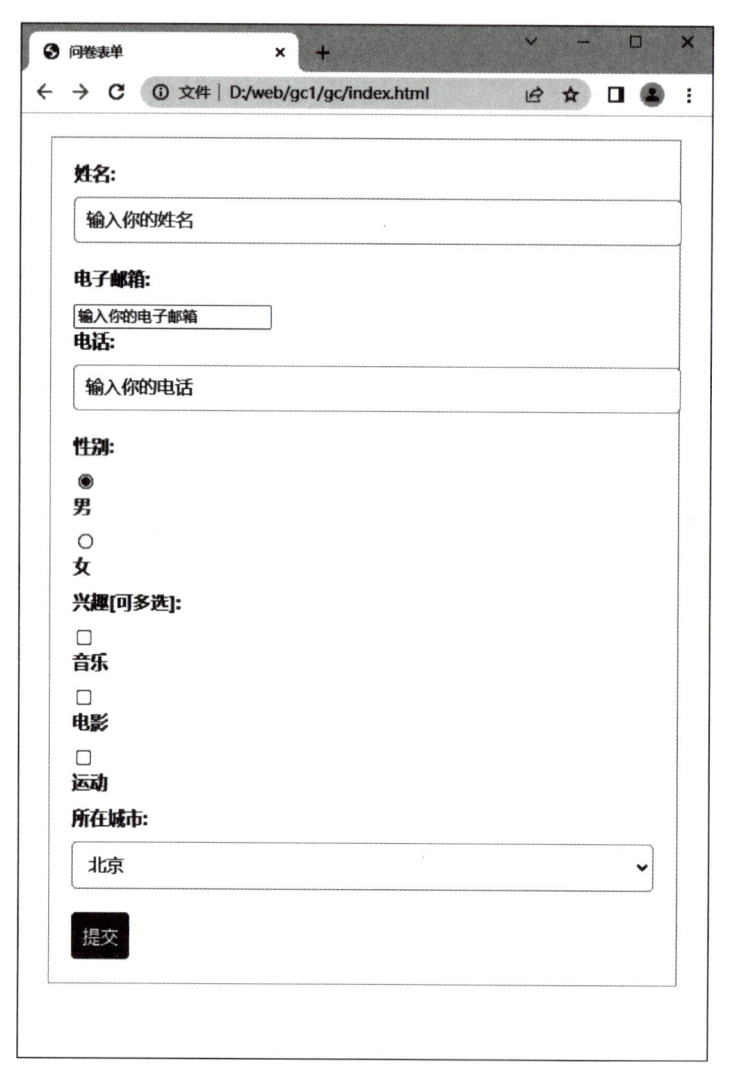

图 1-22　网页运行效果

实现步骤

（1）启动 HBuilderX 软件，创建一个"普通项目"的"基本 HTML 项目"模板。

（2）编辑 index.html 文件，参考代码如下。

```
<!DOCTYPE html>
<html>
<head>
    <title>问卷表单</title>
    <link rel="stylesheet" type="text/css" href="css/mycss.css"/>
</head>
<body>
    <form>
        <label for="name">姓名:</label>
        <input type="text" id="name" name="name" placeholder="输入你的姓名" required>
        <label for="email">电子邮箱:</label>
        <input type="email" id="email" name="email" placeholder="输入你的电子邮箱" required>
```

```html
            <label for="phone">电话:</label>
            <input type="tel" id="phone" name="phone" placeholder="输入你的电话">
            <label for="gender">性别:</label>
            <input type="radio" id="male" name="gender" value="male" checked>
            <label for="male">男</label>
            <input type="radio" id="female" name="gender" value="female">
            <label for="female">女</label>
            <label for="interests">兴趣[可多选]:</label>
            <input type="checkbox" id="music" name="interests[]" value="music">
            <label for="music">音乐</label>
            <input type="checkbox" id="movies" name="interests[]" value="movies">
            <label for="movies">电影</label>
            <input type="checkbox" id="sports" name="interests[]" value="sports">
            <label for="sports">运动</label>
            <label for="city">所在城市:</label>
            <select id="city" name="city">
                <option value="beijing">北京</option>
                <option value="shanghai">上海</option>
                <option value="guangzhou">广州</option>
                <option value="shenzhen">深圳</option>
            </select>
            <input type="submit" value="提交">
        </form>
    </body>
</html>
```

<input> 等标签的功能说明见表 1-10。

表 1-10　<input> 等标签的功能说明

标签	功能

`<input type="radio" id="male" name="gender" value="male" checked>`
　　`<label for="male">男</label>`
`<input type="radio" id="female" name="gender" value="female">`
　　`<label for="female">女</label>`
	实现"性别"的单选功能:
	两个 <input> 标签类型 type 设置为 radio，name 值必须相同，以实现单选功能，只可以选择"男"或"女"。
	选择"男"时，获得值为 male；
	选择"女"时，获得值为 female。
	<label> 标签起到提示标识作用

`<input type="checkbox" id="music" name="interests[]" value="music">`
`<label for="music">音乐</label>`
`<input type="checkbox" id="movies" name="interests[]" value="movies">`
`<label for="movies">电影</label>`
`<input type="checkbox" id="sports" name="interests[]" value="sports">`
`<label for="sports">运动</label>`
	实现"兴趣"内容的多选功能:
	<input> 标签类型 type 设置为 checkbox，实现复选功能。name 可以设置成相同，id 值和 value 值应该不同，以便在提交数据时能区分所选值。
	<label> 标签起到提示标识作用

标签	功能

`<select id="city" name="city">`
   `<option value="beijing">北京</option>`
   `<option value="shanghai">上海</option>`
   `<option value="guangzhou">广州</option>`
   `<option value="shenzhen">深圳</option>`
`</select>`
	实现"城市"下拉选择功能：
	`<option>`标签提供选择项，value 值各项不同，其值可以为英语，提示内容为中文，例如，value 值为"beijing"，提示内容为"北京"

（3）在"css"目录创建 mycss.css 文件，编辑 mycss.css 文件，参考代码如下。

```css
form{
    margin:20px;
    padding:20px;
    border:1px solid #ccc;
}
label{
    display:block;
    margin-bottom:10px;
    font-weight:bold;
}
input[type="text"],
input[type="tel"],
select{
    display:block;
    width:100%;
    padding:10px;
    margin-bottom:20px;
    border:1px solid #ccc;
    border-radius:5px;
    font-size:16px;
}
input[type="radio"],
input[type="checkbox"]{
    margin-right:10px;
}
input[type="submit"]{
    display:block;
    margin-top:20px;
    padding:10px;
    background-color:#007bff;
    color:#fff;
    border:none;
    border-radius:5px;
    font-size:16px;
    cursor:pointer;
}
```

display: block 等样式属性的功能说明见表 1-11。

表 1-11　display: block 等样式属性的功能说明

样式属性	功能
display: block;	设置元素以块级显示，一般效果为元素独占一行显示
font-weight: bold;	字体加粗
margin-right: 10px;	右外边距为 10 像素

知识链接

　　HTML 中的元素可以分为两种类型：块级元素和内联元素（行内元素）。块级元素是指独占一行的元素，它们会在页面上自动换行，通常用于构建整个页面的主体结构；内联元素是指只占据其内容所在空间的元素，它们不会独占一行，通常用于显示文本、超链接等行内内容。

　　常见的块级元素如下。

　　（1）div：用于表示页面中的一个区域，可以用于布局、组织内容等。

　　（2）p：用于表示段落。

　　（3）h1~h6：用于表示标题，数字越小，字号越大。

　　（4）ul 和 ol：用于表示无序列表和有序列表。

　　（5）li：用于表示列表项。

　　（6）header：用于表示文档或者区域的头部，通常包含介绍页面名称或者欢迎语等信息。

　　（7）footer：用于表示文档或者区域的底部，通常包含版权信息、联系方式等内容。

　　（8）nav：用于表示导航条。

　　（9）article：用于表示独立的文章或者独立的内容块。

　　（10）section：用于表示文档中的某个部分。

　　块级元素的特点是在默认情况下宽度为 100%（除非给其设置了宽度），并且可以设置 width、height、padding、margin 和 border 等属性。块级元素可以包含其他块级元素和内联元素，也可以作为其他块级元素和内联元素的父元素。

　　使用正确的块级元素可以使 HTML 文档具有良好的结构性和可读性，便于维护和扩展。

项目总结

　　本项目所讲解的 HTML、CSS 技能只是部分网页设计技能，学好 CSS 还要不断地实践和尝试，通过实际的项目实践来巩固已有的知识，并扩展和提高技能水平。学习和掌握 HTML+CSS 对未来的网页设计和开发都具有很大的帮助和意义。

项目评价

序号	任务	自评	教师评价
1	任务一：创建第一个网页	了解□ 熟练□ 精通□	了解□ 熟练□ 精通□
2	任务二：列表标签	了解□ 熟练□ 精通□	了解□ 熟练□ 精通□
3	任务三：表格标签	了解□ 熟练□ 精通□	了解□ 熟练□ 精通□
4	任务四：表单标签	了解□ 熟练□ 精通□	了解□ 熟练□ 精通□
5	任务五：超链接标签	了解□ 熟练□ 精通□	了解□ 熟练□ 精通□
6	任务六：自定义样式的登录页面	了解□ 熟练□ 精通□	了解□ 熟练□ 精通□
7	任务七：自定义样式的注册页面	了解□ 熟练□ 精通□	了解□ 熟练□ 精通□
8	任务八：自定义样式的问卷表单页面	了解□ 熟练□ 精通□	了解□ 熟练□ 精通□

拓展练习

一、选择题

1. HTML 中用于创建段落的标签是（　　）。

　　A. <div>　　　　B. <p>　　　　C. <span>　　　　D. <h1>

2. （　　）标签用于定义一个超链接。

　　A. <img>　　　　B. <a>　　　　C. <head>　　　　D. <link>

3. 在 HTML 中，表示无序列表的标签是（　　）。

　　A. <ul>　　　　B. <li>　　　　C. <ol>　　　　D. <dl>

4. （　　）标签用于定义一个表格的行。

　　A. <th>　　　　B. <tr>　　　　C. <td>　　　　D. <table>

5.（　　）标签用于将文本显示为加粗样式。

A. <b>　　　　B. <strong>　　　　C. <em>　　　　D. <i>

6.（　　）属性用于设置文字颜色。

A. background-color　　B. color　　C. font-size　　D. text-align

7.（　　）属性用于设置边框宽度。

A. border-width　　B. border-color　　C. border-style　　D. border-radius

8.（　　）属性可以使文本以斜体样式显示。

A. text-decoration　　B. text-transform　　C. font-style　　D. line-height

9.（　　）选择器可以选择具有特定 class 的元素。

A. .classname　　B. #idname　　C. elementname　　D. :hover

10. 以下选择器中的优先级最高是（　　）。

A. elementname　　B. .classname　　C. #idname　　D. inline-style

二、操作题

1. 设计一个电子邮箱账号登录页面。

任务描述如下。

（1）设计一个电子邮箱账号登录页面，提供电子邮箱、密码等信息的输入功能。

（2）"Email 登录"标题水平居中，字体颜色为黑色。

（3）"邮箱："输入框有提示"请输入邮箱"。

（4）"密码："输入框有提示"请输入密码"。

（5）"登录"按钮背景色为绿色，字体为白色。

（6）电子邮箱账号登录页面运行效果如图 1-23 所示。

图 1-23　电子邮箱账号登录页面运行效果

2. 设计一个就业意向问卷页面。

任务描述如下。

(1) 设计一个就业意向问卷页面，提供姓名、邮箱、电话、专业、职业兴趣等信息的输入功能。

(2) "就业意向问卷"标题水平居中，字体颜色为黑色。

(3) "姓名："输入框有提示"请输入姓名"。

(4) "邮箱："输入框有提示"请输入邮箱"。

(5) "电话："输入框有提示"请输入电话"。

(6) "专业："输入框采用下拉选择，可供选择的选项有"计算机科学与技术""软件工程""信息安全""数据科学与大数据技术"等4项以上。

(7) "职业兴趣："输入框有提示"请简要描述你的职业兴趣"，允许输入多行。

(8) "提交"按钮背景色为绿色，字体为白色。

(9) 就业意向问卷页面运行效果如图1-24所示。

图1-24 就业意向问卷页面运行效果

三、编程题

观察页面运行效果和页面功能说明,在代码中的空白处填上适当的代码,确保页面运行后达到预期的效果。

1. 现有"我国高铁的伟大成就"页面,其运行效果如图 1-25 所示。

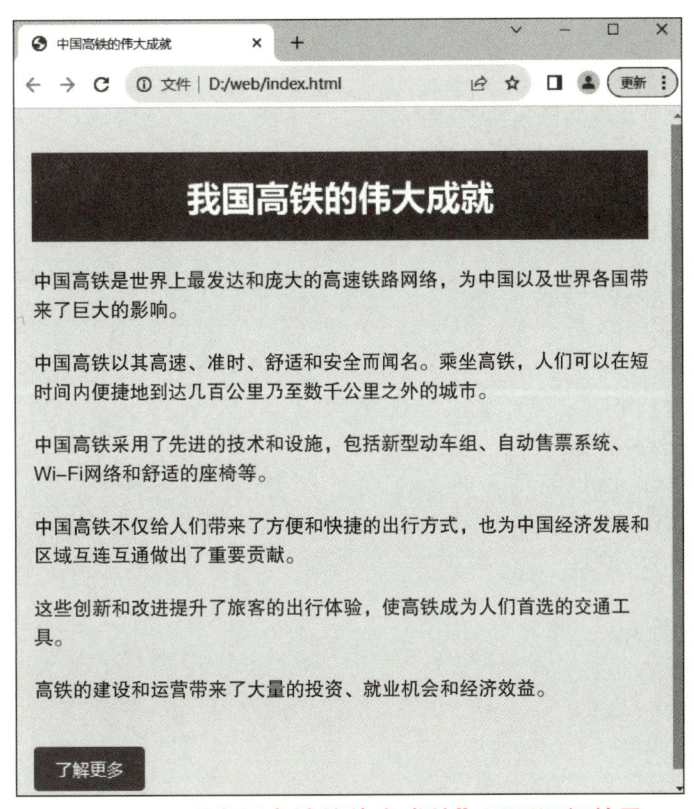

图 1-25 "我国高铁的伟大成就"页面运行效果

页面功能说明如下。

(1)指定文档类型为 HTML5。

(2)定义全局样式,设置页面的背景颜色为淡灰色,同时去除 body 元素的边距和内边距。

(3)设置 h1 标题元素的样式,包括字体颜色为白色、居中对齐、背景色为红色、内边距为 20 像素。

(4)设置 p 段落元素的样式,包括字体大小为 18 像素、字体颜色为深灰色、行高为 1.6 倍。

(5)设置具有 .button 类的元素(这里是 <a> 标签)的样式,如超链接按钮的样式,包括背景颜色、字体颜色、内边距、圆角、文字装饰、文字大小、居中对齐和顶部边距等。

(6)设置当鼠标悬停在 .button 按钮上时的样式,包括背景颜色变为深蓝色。

(7)定义一个 h1 级别的标题,显示为"我国高铁的伟大成就"。

(8)定义一些段落(p)元素,内容描述中国高铁的发展情况。

(9)定义一个超链接(a)元素,显示为"了解更多"按钮,并使用 .button 类定义的样式。

结束 HTML 文档的定义。

页面代码如下。

```
<   【1】   html>
<html lang="zh-CN">
<head>
    <meta charset="UTF-8">
    <title>中国高铁的伟大成就</title>
     【2】
    body{
        margin: 【3】 ;
        padding:20px;
         【4】 :#f2f2f2;
    }
    h1{
        color:#ffffff;
        text-align:center;
         【5】 :#ff0000;
        padding:20px;
    }
    p{
        font-size:18px;
         【6】 :#333333;
        line-height:1.6;
    }
    .button{
        display:inline-block;
        background-color:#0099ff;
         【7】 :#fff;
        padding:10px 20px;
        border- 【8】 :5px;
        text-decoration:none;
        font-size:16px;
        text-align:center;
        margin-top:20px;
    }
    .button:hover{
         【9】 :#0066cc;
    }
    </style>
</head>
<body>
    <h1>我国高铁的伟大成就</h1>
    <p>中国高铁是世界上最发达和庞大的高速铁路网络，为中国以及世界各国带来了巨大的影响。</p>
    <p>中国高铁以其高速、准时、舒适和安全而闻名。乘坐高铁，人们可以在短时间内便捷地到达几百公里乃至数千公里之外的城市。</p>
    <p>中国高铁采用了先进的技术和设施，包括新型动车组、自动售票系统、Wi-Fi网络和舒适的座椅等。</p>
```

```
<p>中国高铁不仅给人们带来了方便和快捷的出行方式,也为中国经济发展和区域互连互通做出了重要贡献。</p>
    【10】    这些创新和改进提升了旅客的出行体验,使高铁成为人们首选的交通工具。</p>
<p>高铁的建设和运营带来了大量的投资、就业机会和经济效益。</p>
<a href="#" class="button">了解更多</a>
</body>
</html>
```

2. 现有"二十大提到的一些重大成果"页面,其运行效果如图 1-26 所示。

图 1-26 "二十大提到的一些重大成果"页面运行效果

页面功能说明如下。

(1)标签定义了浏览器窗口中显示的文档标题为"二十大提到的一些重大成果"。

(2)body 元素的样式规则:设置了页面主体的内边距为 20px。

(3)h1 元素的样式规则:设置了标题居中对齐,并将文字颜色设置为红色。

(4)h2 元素的样式规则:设置了标题顶部的外边距为 30px。

(5)ul 元素的样式规则:设置了无序列表左侧的外边距为 20px。

页面代码如下。

```
<!DOCTYPE html>
<html>
<head>
    <   【1】   >二十大提到的一些重大成果<   【2】   >
    <style>
        body{
            【3】   :20px;
        }
        h1{
            text-align:  【4】  ;
```

```
            【5】  :red;
        }

        h2{
            margin-top:30px;
        }

        ul{
            margin-left:20px;
        }
    </  【6】  >
</head>
<body>
      【7】  二十大提到的一些重大成果</h1>
    <h2>成果列表  【8】  
    <ul>
        <li>载人航天</li>
        <li>探月探火</li>
        <li>深海深地探测</li>
        <li>超级计算机</li>
        <li>卫星导航</li>
        <li>量子信息</li>
        <li>核电技术</li>
        <li>新能源技术</li>
        <li>大飞机制造</li>
        <li>生物医药</li>
          【9】  
</  【10】  >
</html>
```

3. 现有"建设现代化产业体系"页面，其运行效果如图 1-27 所示。

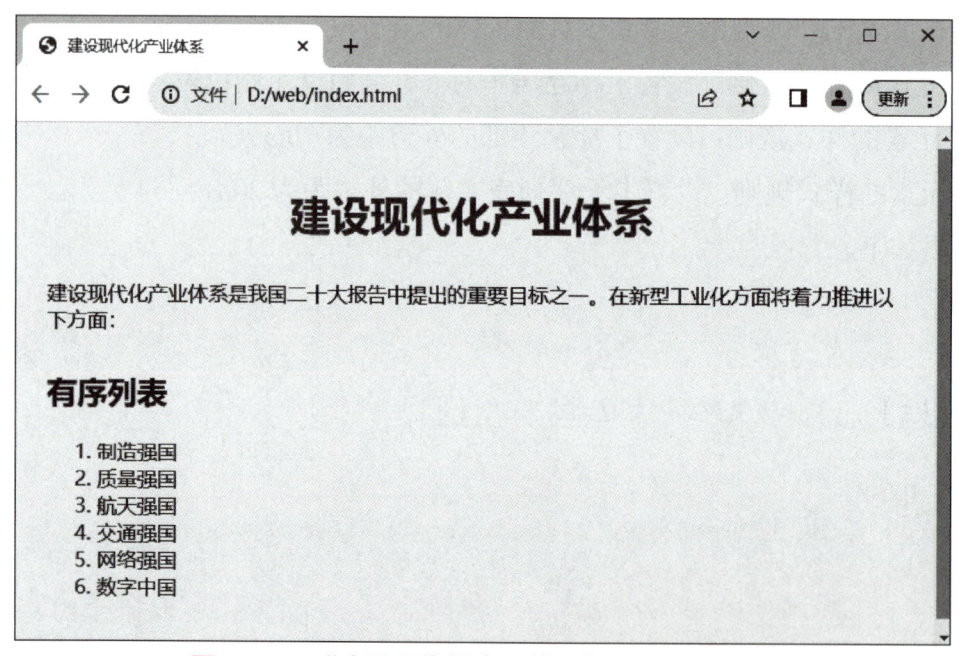

图 1-27　"建设现代化产业体系"页面运行效果

页面功能说明如下。

（1）声明文档类型，表示这个页面是一个 HTML5 文档。

（2）标签定义了浏览器窗口中显示的文档标题为"建设现代化产业体系"。

（3）body 元素的样式规则：设置了页面主体的内边距为 20px，背景色为 #f5f5f5，文本颜色为 #333。

（4）h1 元素的样式规则：设置了标题居中对齐，底部外边距为 30px，文本颜色为红色。

（5）h2 元素的样式规则：设置了标题顶部的外边距为 30px。

（6）ol 元素的样式规则：设置了有序列表左侧的外边距为 20px。

页面代码如下。

```
<  【1】  >
<html>
<head>
    【2】 建设现代化产业体系</title>
    【3】
        body{
            【4】 :20px;
            background-color:#f5f5f5;
            【5】 :#333;
        }

        h1{
            text-align:center;
            【6】 :30px;
            color:red;
        }

        h2{
            margin-top: 【7】 ;
        }

        ul{
            margin-left:20px;
        }
    </style>
</head>
<body>
    <h1>建设现代化产业体系 【8】
    <p>建设现代化产业体系是我国二十大报告中提出的重要目标之一。在新型工业化方面将着力推进以下方面： 【9】

        <h2>有序列表</h2>
        <ol>
            <li>制造强国</li>
            <li>质量强国</li>
```

```
            <li>航天强国</li>
            <li>交通强国</li>
            <li>网络强国</li>
            <li>数字中国</li>
        【10】
</body>
</html>
```

项目二
页面布局

项目导读

党的二十大报告提道:"基础研究和原始创新不断加强,一些关键核心技术实现突破,战略性新兴产业发展壮大,载人航天、探月探火、深海深地探测、超级计算机、卫星导航、量子信息、核电技术、新能源技术、大飞机制造、生物医药等取得重大成果,进入创新型国家行列。"在学习页面布局技能过程中,我们只有以创新想法去设计自己的作品,才能做到基础研究和原始创新不断加强,最后掌握技能知识的精髓。

页面布局是指将网页中的各种元素(如文本、图像、视频等)有机地组合在一起,形成统一的视觉效果、功能和交互性的过程。页面布局对于网站来说是至关重要的,它不仅直接关系到用户体验和页面加载速度,还会影响搜索引擎优化(SEO)和网站可访问性(Accessibility)等方面。

页面布局主要指将网页中的各个元素(如文字、图片、按钮等)有机地组合起来,形成一个整体、统一的界面,便于用户浏览和使用。通常页面布局可以分为以下几个部分。

头部区域:头部通常包括网站或页面的标志、导航菜单、搜索栏、登录、注册等元素。头部设计要突出重点,能让用户方便快捷地找到所需的信息。

内容区域:内容区域是网页的主体部分,通常包括主要的文章、图片、广告、产品展示等元素。设计时需要注意布局整洁、清晰,使用户能够顺畅地浏览并获取信息。

侧边栏:侧边栏通常位于页面的左侧或右侧,包含一些次要的页面信息、导航链接、广告等元素,为用户提供更多的选择和便利。设计时需要考虑侧边栏的尺寸、位置、样式等,使其既不过于显眼,也不会被忽略。

底部区域:底部区域通常包括网站的版权信息、联系方式、客服热线等元素。设计时需要让底部区域简洁明了、易于理解,并留有足够的空间给用户提供反馈和建议。

在进行页面布局设计时,需要考虑用户的习惯、行为和需求,并遵循一些通用的设计原则,如色彩搭配、字体排版、对齐方式、间距等。同时,要注意网页响应式设计,使不同尺寸的屏幕都能够良好地显示和使用网页。

本项目以系列页面布局案例为学习任务，使学生在实现页面布局效果的过程中掌握相关的 display: flex（CSS 弹性盒子）、position: fixed（固定定位）等网页设计技能。

技能目标

（1）了解常见的页面布局。
（2）掌握实现常见页面布局的网页设计技能。
（3）掌握 CSS 弹性盒子、固定定位等技能在页面布局中的应用。

素质目标

（1）以简单精致的作品效果激发学生的学习兴趣，培养学生精益求精的工匠精神和工作能力。
（2）将热爱祖国、家乡情怀等相关图文素材应用于网页设计学习任务，落实专业与课程思政的自然融合，培养学生的爱国情怀，使学生树立技能报国的专业技能学习目标。

任务一　上下布局

知识准备

　　HTML 页面布局是指在页面中安排和组织各个元素的方式，以创建所需的结构和外观。在网页设计中，根据具体的需求和设计，可以选择合适的布局方法和组合。同时，结合使用 CSS 样式和布局技术，可以创建各种不同风格和外观的页面布局。

　　常见的 HTML 页面布局技术包括使用 HTML 元素和标签布局、使用表格布局、使用 CSS 弹性盒子（Flexbox）布局、使用 CSS 网格布局（Grid Layout）、使用 CSS 定位布局、使用 CSS 媒体查询（Media Queries）布局。

1. 使用 HTML 元素和标签布局

　　HTML 提供了一系列元素和标签，如 <header>、<nav>、<main>、<section>、<article>、<aside>、<footer> 等。通过合理地使用这些元素和标签，可以将页面划分为不同的区域并提

供更好的语义结构。

2. 使用表格布局

虽然现代 CSS 布局已经推荐使用 CSS 弹性盒子和网格布局，但对于某些特定的数据展示或网页结构，仍可以使用 HTML 表格 <table> 元素进行布局。

3. 使用 CSS 弹性盒子布局

CSS 弹性盒子是一种灵活的布局模型，通过使用 display: flex 属性和相关的弹性盒子属性，如 flex-direction、flex-wrap、justify-content、align-items 等，可以实现各种灵活的行列布局。

（1）flex-direction 定义了 CSS 弹性盒子的主轴方向，它决定了项目在容器中排列的方向（表 2-1）。

表 2-1 flex-direction 常见取值

row	水平方向，从左到右（默认值）
row-reverse	水平方向，从右到左
column	垂直方向，从上到下
column-reverse	垂直方向，从下到上

（2）flex-wrap 定义了 CSS 弹性盒子是否允许换行，它决定了项目在一行排列不下时是否换行（表 2-2）。

表 2-2 flex-wrap 常见取值

nowrap	不换行（默认值）
wrap	自动换行
wrap-reverse	自动换行，但反向排列

（3）justify-content 定义了项目在主轴上的对齐方式，它决定了项目在剩余空间中的分配方式（表 2-3）。

表 2-3 justify-content 常见取值

flex-start	靠近主轴起始位置对齐（默认值）
flex-end	靠近主轴结束位置对齐
center	居中对齐
space-between	在项目之间平均分配剩余空间
space-around	在项目周围平均分配剩余空间，包括两侧

（4）align-items 定义了项目在交叉轴上的对齐方式，它决定了项目在垂直方向上的位置（表 2-4）。

表 2-4　align-items 常见取值

stretch	默认值，拉伸以填充容器
flex-start	靠近交叉轴起始位置对齐
flex-end	靠近交叉轴结束位置对齐
center	居中对齐
baseline	基线对齐

这些属性通常被应用于 CSS 弹性盒子容器（通过设置容器的 display: flex 或 display: inline-flex），以调整内部项目的布局和对齐方式。通过灵活使用这些属性，可以实现各种不同的 CSS 弹性盒子布局效果。

4. 使用 CSS 网格布局

CSS 网格是一种二维布局系统，它通过将容器划分为行和列，可以更直观地控制元素的位置和大小。使用 display: grid 属性和相关的 CSS 网格布局属性，如 grid-template-columns、grid-template-rows、grid-gap 等，可以实现复杂的 CSS 网格布局。

（1）grid-template-columns 定义了网格容器的列定义，它决定了网格容器中每一列的宽度、数量和布局（表 2-5）。

表 2-5　grid-template-columns 常见取值

100px、200px	可以指定具体的宽度值	固定宽度
1fr（平均分配剩余空间） 2fr（占据剩余空间的两倍） 20%（占据 20% 的宽度）	可以使用相对单位或百分比	弹性宽度
auto	使列根据内容自适应宽度	自动宽度

通过在属性值中指定多个列宽度，可以创建一个具有多列的 CSS 网格布局。

（2）grid-template-rows：定义了网格容器的行定义。它决定了网格容器中每一行的高度、数量和布局。其取值和用法与 grid-template-columns 类似。

（3）grid-gap：定义了网格容器中各个网格项目之间的间距。它决定了行和列之间的间隔大小（表 2-6）。

表 2-6　grid-gap 常见取值

10px、20px	可以指定具体的间距值	固定间距
5%	可以使用百分比表示相对于网格容器尺寸的间距	百分比间距

grid-gap 属性是 grid-row-gap 和 grid-column-gap 属性的简写形式，可以同时设置行间距和列间距。如果需要不同的行间距和列间距，也可以使用这两个具体的属性单独设置。

这些属性通常应用于网格容器（通过设置容器的 display: grid），以控制内部网格项目的布局和间距。通过合理地使用这些属性，可以创建复杂的 CSS 网格布局，如等宽或不等宽的网格列、自适应和响应式的 CSS 网格布局等。

5. 使用 CSS 定位布局

利用 CSS 的 position 属性和相关的定位机制，如相对定位（position: relative）、绝对定位（position: absolute）、固定定位（position: fixed）等，可实现元素的精确定位或重叠效果。

以下是对这些属性作用的解释。

1）相对定位（position: relative）

相对定位是相对于元素自身原有位置进行定位的。设置相对定位后，可以使用 top、right、bottom 和 left 属性来调整元素相对于其正常位置的偏移。相对定位不会脱离文档流，仍然占据原有位置，其他元素仍然会按照正常流布局。

2）绝对定位（position: absolute）

绝对定位将元素脱离了文档流，相对于其最近的带有定位（非默认 static）的父元素或者根元素进行定位。如果没有找到定位的父元素，则相对于根元素进行定位。设置绝对定位后，可以使用 top、right、bottom 和 left 属性来指定元素相对于其定位父元素的位置。绝对定位的元素不会占据正常文档流中的空间，其位置由定位属性和偏移值决定。

3）固定定位（position: fixed）

固定定位是相对于浏览器窗口的视口进行定位的。设置固定定位后，元素会固定在浏览器窗口的某个位置，即使页面滚动，元素也会保持在指定的位置不动。也可以使用 top、right、bottom 和 left 属性来指定元素相对于视口的位置。

绝对定位和固定定位，常用于创建复杂的布局效果或实现悬浮元素、导航栏等特殊需求。通过调整偏移值，可以灵活地控制元素在页面上的精确位置。

6. 使用 CSS 媒体查询布局

通过使用 CSS 媒体查询，可以根据设备的屏幕尺寸、分辨率或其他特性设置不同的样式规则，从而可以创建响应式布局，以适应不同的设备和屏幕大小。

任务描述

（1）使用上下布局效果。

（2）上区域显示导航，设置适当的高度和背景色，导航项为"首页""公司简介""业务范围""解决方案""联系我们"。

（3）下区域显示内容，内容为一张图片（居中）。

（4）上下布局效果如图 2-1 所示。

图 2-1　上下布局效果

实现步骤

（1）启动 HBuilderX 软件，如图 2-2 所示。

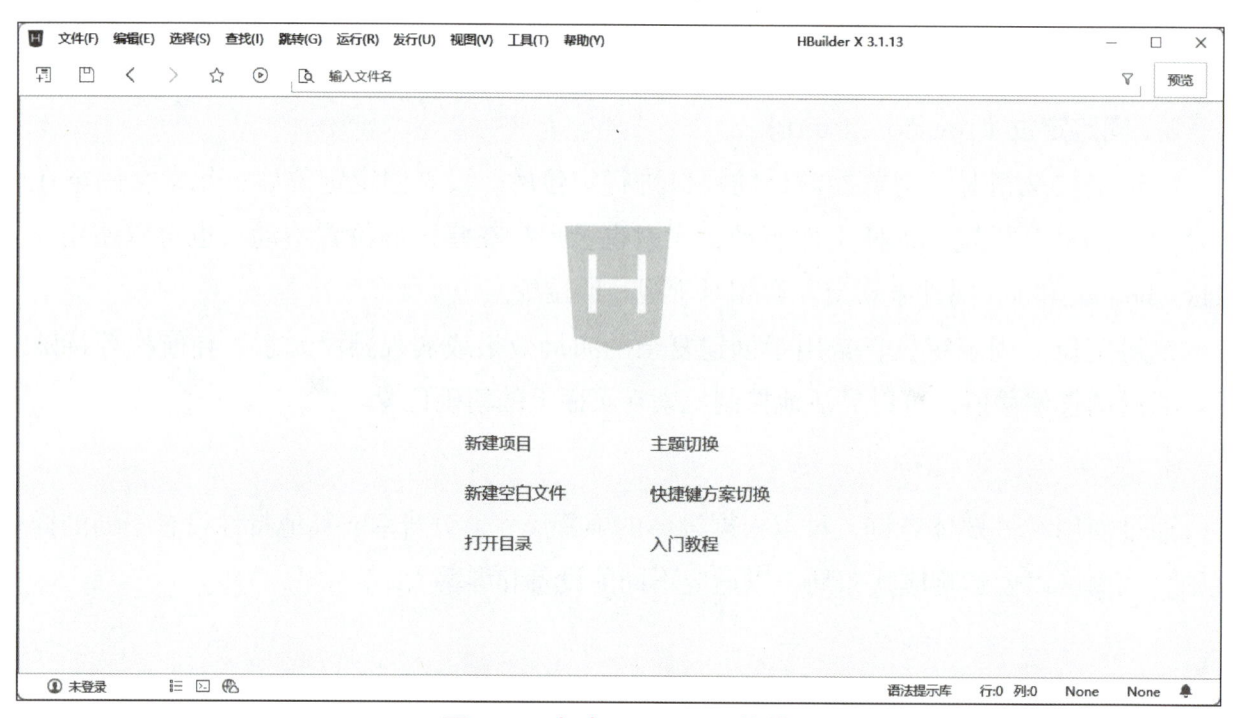

图 2-2　启动 HBuilderX 软件

（2）执行"新建"→"项目"命令，如图2-3所示。

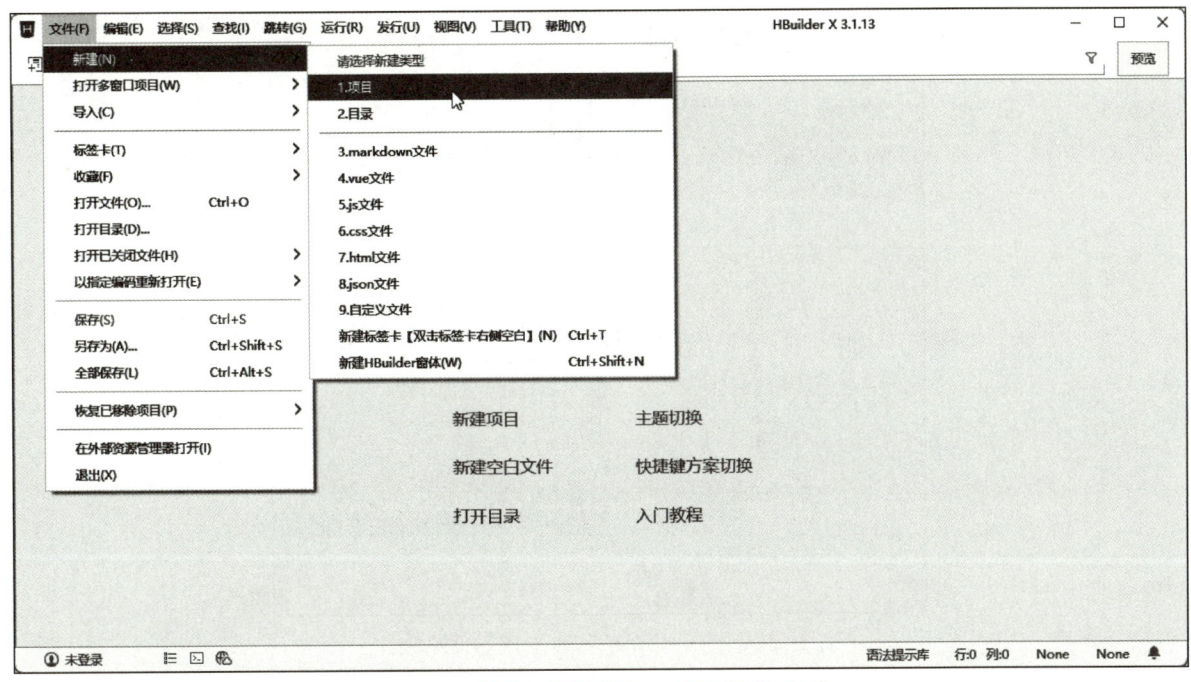

图2-3 执行"新建"→"项目"命令

（3）单击"普通项目"单选按钮，输入项目名称，单击"浏览"按钮，确认一个空的目录作为项目工作目录，选择模板"基本HTML项目"，如图2-4所示。

图2-4 选择模板"基本HTML项目"

（4）把素材图片pic.jpg复制到"img"文件夹中，在<body>标签内添加标签<div id="top"></div>、<ul class="nav"></ul>、<li>以显示导航栏，添加<div id="mid"></div>、<img src="img/pic.jpg">等标签以显示图片，如图2-5所示。

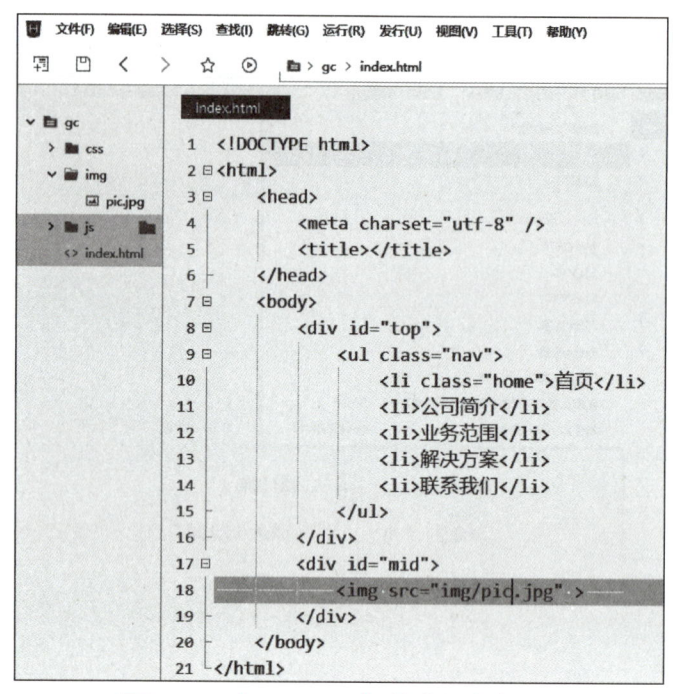

图 2-5　在 \<body\> 标签内添加标签

\<div id="top"\> 等标签代码的功能解读见表 2-7。

表 2-7　\<div id="top"\> 等标签代码的功能解读

代码	功能解读

`<div id="top">`
　　`<ul class="nav">`
　　　　`<li class="home">`首页`</li>`
　　　　`<li>`公司简介`</li>`
　　　　`<li>`业务范围`</li>`
　　　　`<li>`解决方案`</li>`
　　　　`<li>`联系我们`</li>`
　　`</ul>`
`</div>`
	（1）标签 \<div id="top"\> 作为容器，包括一个 \<ul class="nav"\> 标签，\<ul class="nav"\> 标签包括多个 \<li\> 标签。
	（2）\<ul class="nav"\> 标签包括多个 \<li\>，实现导航项目内容。
	（3）\<li class="home"\> 首页 \</li\>：样式名定为 home，设置 home{} 的样式代码，可以使"首页"形成自己的样式

`<div id="mid">`
　　`<img src="img/pic.jpg" >`
`</div>`
	\<div id="mid"\> 标签包括一个 \<img src="img/pic.jpg"\> 标签，显示"img"目录下的图片文件 pic.jpg

知识链接

\<ul\> 和 \<li\> 是 HTML 中的标签，主要用于创建无序列表。

\<ul\> 标签代表了无序列表，在该标签内部使用 \<li\> 标签表示每一项。\<ul\> 标签通常放在父容器中，如 \<div\> 或 \<nav\> 等。

\<li\> 标签代表了无序列表中的每一项，通常包含文本内容或其他 HTML 标签元素。可以使用嵌套标签来创建复杂的列表结构，如图片、链接、按钮等。

项目二 页面布局 59

示例代码如下：
```
<ul>
    <li>列表项1</li>
    <li>列表项2</li>
    <li>列表项3</li>
</ul>
```
以上代码演示了一个简单的无序列表，其中 <ul> 标签表示无序列表的开始，<li> 标签表示每个列表项的内容。在实际开发中，可以根据需要添加更多样式、属性或其他 HTML 元素来扩展无序列表的功能和效果。

（5）创建 <style type="text/css"></style> 标签，添加 #top{}、.nav{}、.nav li{} 等样式设置导航栏的显示效果，添加 #mid{text-align: center;} 样式实现图片居中，如图 2-6 所示。

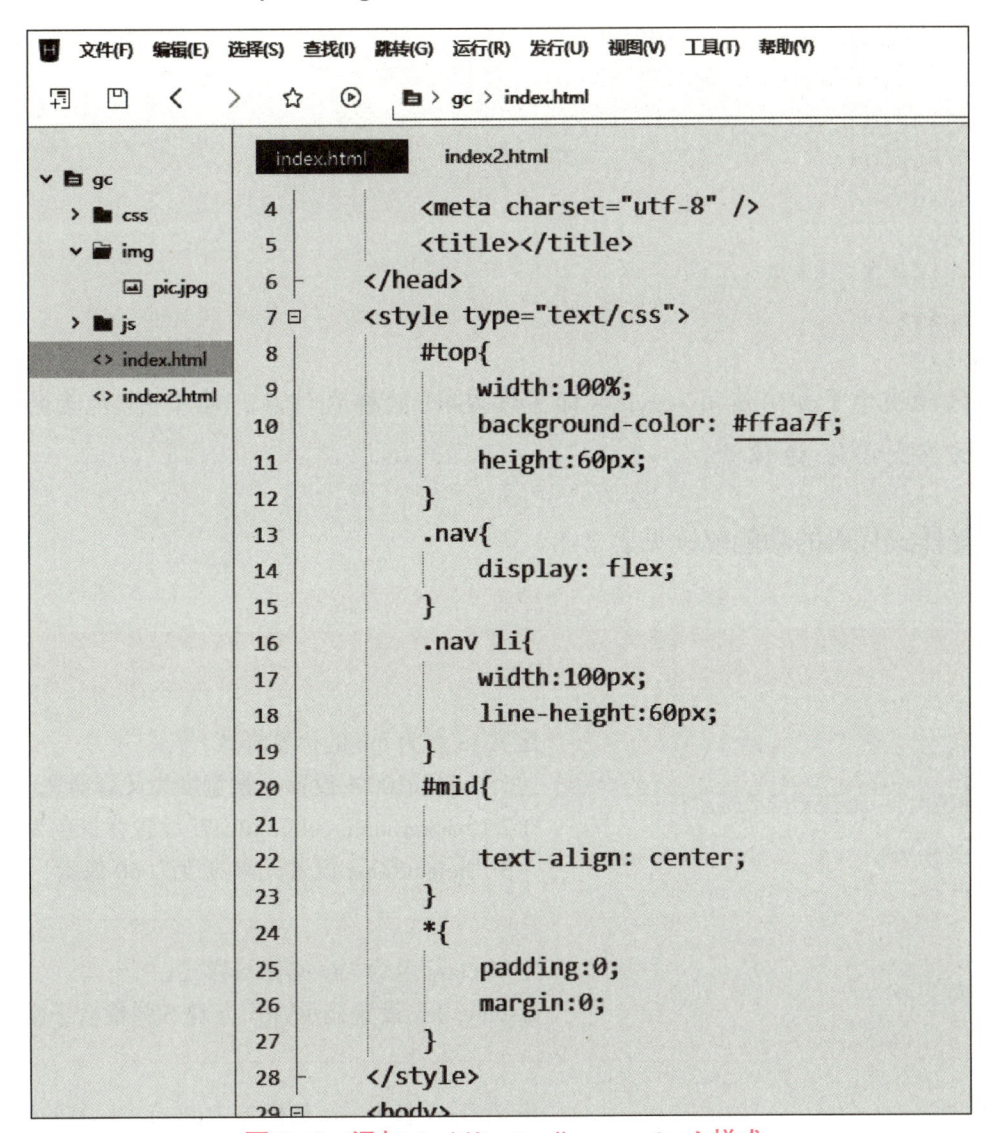

```
4       <meta charset="utf-8" />
5       <title></title>
6     </head>
7     <style type="text/css">
8         #top{
9             width:100%;
10            background-color: #ffaa7f;
11            height:60px;
12        }
13        .nav{
14            display: flex;
15        }
16        .nav li{
17            width:100px;
18            line-height:60px;
19        }
20        #mid{
21
22            text-align: center;
23        }
24        *{
25            padding:0;
26            margin:0;
27        }
28    </style>
```

图 2-6 添加 #mid{text-align: center;} 样式

知识链接

<style> 是 HTML 中的标签，用于定义网页的样式信息，可以在头部 <head> 区域或文档的内部嵌套使用。

使用 <style> 标签可以将 CSS 样式表代码直接嵌入 HTML 文件，从而实现对网页元素的样式控制。样式表代码通常包括 CSS 选择器、属性名和属性值等，用于控制元素的外观、排版、动画效果等方面。例如：

```html
<!DOCTYPE html>
<html>
    <head>
        <style>
            h1{
                color:red;
                font-size:32px;
            }
        </style>
    </head>
    <body>
        <h1>这是一个标题</h1>
    </body>
</html>
```

以上代码演示了如何使用 <style> 标签设置 h1 的样式信息，其中 h1 元素的文字颜色为红色，文字大小为 32 像素。

#top{} 等样式代码的功能解读见表 2-8。

表 2-8　#top{} 等样式代码的功能解读

代码	功能解读

`#top{`
　　`width:100%;`
　　`background-color:#ffaa7f;`
　　`height:60px;`
`}`
	定义 id 名为 top 的标签样式：
	（1）width:100% 设置元素宽度为父容器宽度的 100%。
	（2）background-color: #ffaa7f 设置背景色为 #ffaa7f。
	（3）height:60px 设置元素高度为 60 像素

`.nav{`
　　`display:flex;`
`}`
	定义 class 名为 nav 的标签样式：
	display: flex 设置显示方式为 CSS 弹性盒子模型

`.nav li{`
　　`width:100px;`
　　`line-height:60px;`
`}`
	定义 class 名为 nav 的标签内的 <li> 标签的样式：
	（1）width:100px 设置元素宽度为 100 像素。
	（2）line-height:60px 设置文本行高为 60 像素

续表

代码	功能解读

`#mid{`
`    text-align:center;`
`}`
	定义 ID 名为 mid 的标签样式：
	text-align: center 设置文本水平居中

`*{`
`    padding:0;`
`    margin:0;`
`}`
	定义所有标签的样式：
	（1）padding:0 设置内边距为 0 像素。
	（2）margin:0 设置外边距为 0 像素

（6）选中 index.html 文件，执行"运行"→"运行到浏览器"→"Chrome"命令，如图 2-7 所示。

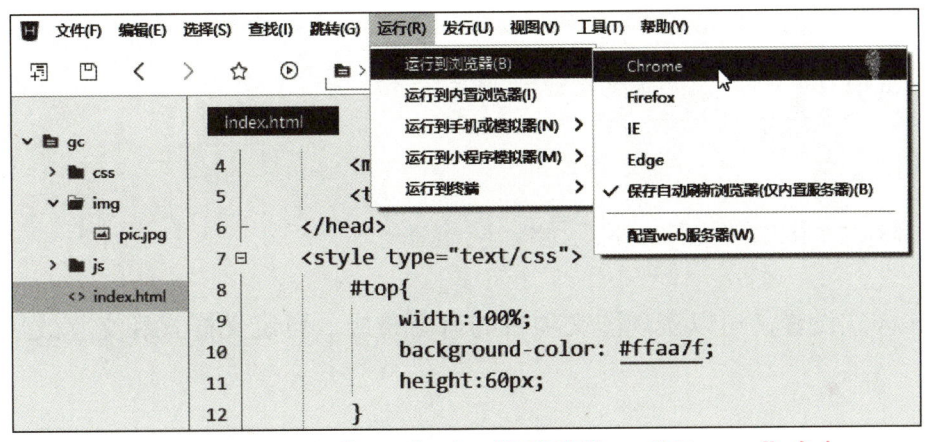

图 2-7 执行"运行"→"运行到浏览器"→"Chrome"命令

（7）网页在浏览器中的运行效果包括导航内容和图片，导航栏设有背景色，居于页面顶部，宽度为 100%，文字垂直居中，图片位于导航栏以下，图片居中于页面，如图 2-1 所示。

任务二 三列布局

三列布局

知识准备

1. 使用 div 元素创建图文项目

使用 div 元素创建图文项目可以提供更大的灵活性和样式定制的能力。可以使用 div 元素包裹图像和文本，并使用 CSS 控制它们的布局、样式和交互效果。

例 2.2.1：使用 div 元素创建图文项目。代码如下。

```
<div class="item">
  <img src="image.jpg" alt="图像描述">
  <p>文本描述</p>
</div>
```

在上述代码中，通过添加一个类名 .item 来区分图文项目。可以根据需要自定义类名，以及应用其他合适的类名和 ID 对不同的图文项目进行不同的样式设置。

例 2.2.2：为图文项目添加样式。代码如下。

```
.item{
  display:flex; /* 使用弹性盒子布局 */
  align-items:center; /*子元素垂直居中*/
  gap:20px; /* 图片和文本的间距 */
  /*可以添加其他样式，如背景色、边框等 */
}
.item img{
  max-width:100%; /* 图片宽度最大为容器宽度 */
  /*可以添加其他样式，如圆角、阴影等 */
}
.item p{
  /*可以添加文本样式，如文字大小、文字颜色、背景色等 */
}
```

通过 CSS 样式设置，可以实现图文项目的自由布局、自定义样式和交互效果，以满足设计需求。

2. 使用无序列表 ul 元素或有序列表 ol 元素创建图文项目

在 HTML 中，可以使用无序列表 <ul> 或有序列表 <ol> 创建图文项目。每个列表项使用 li 元素表示，可以将图像和文本放置在列表项中。

例 2.2.3：使用无序列表 ul 和 li 元素。代码如下。

```
<ul>
  <li>
    <img src="image1.jpg" alt="图像描述">
    <p>文本描述1</p>
  </li>
  <li>
    <img src="image2.jpg" alt="图像描述">
    <p>文本描述2</p>
  </li>
</ul>
```

上述代码创建了一个无序列表，每个列表项包含一张图像和相应的文本描述。

例 2.2.4：使用有序列表 ol 和 li 元素。代码如下。

```
<ol>
  <li>
    <img src="image1.jpg" alt="图像描述">
```

```
    <p>文本描述1</p>
  </li>
  <li>
    <img src="image2.jpg" alt="图像描述">
    <p>文本描述2</p>
  </li>
</ol>
```

上述代码创建了一个有序列表，每个列表项同样包含一张图像和相应的文本描述。

要达到预期的页面效果，还要使用 CSS 为列表项设置样式，如调整图像和文本的布局、间距、对齐方式等。

任务描述

（1）采用上中下布局，中间内容采用三列布局。

（2）页面宽度变化时内容自动变化适应，设置页面最大宽度为 1 200 像素。

（3）为上部"网页设计案例"标题设置背景色，前景色为白色。

（4）中间内容区域显示 3 个图文项目，水平平均分布，边距自适应。

（5）底部用 <h2> 标签显示"特色展示"，文本水平居中且垂直居中，背景色为 #55aaff，前景色为白色。

（6）网页运行效果如图 2-8 所示。

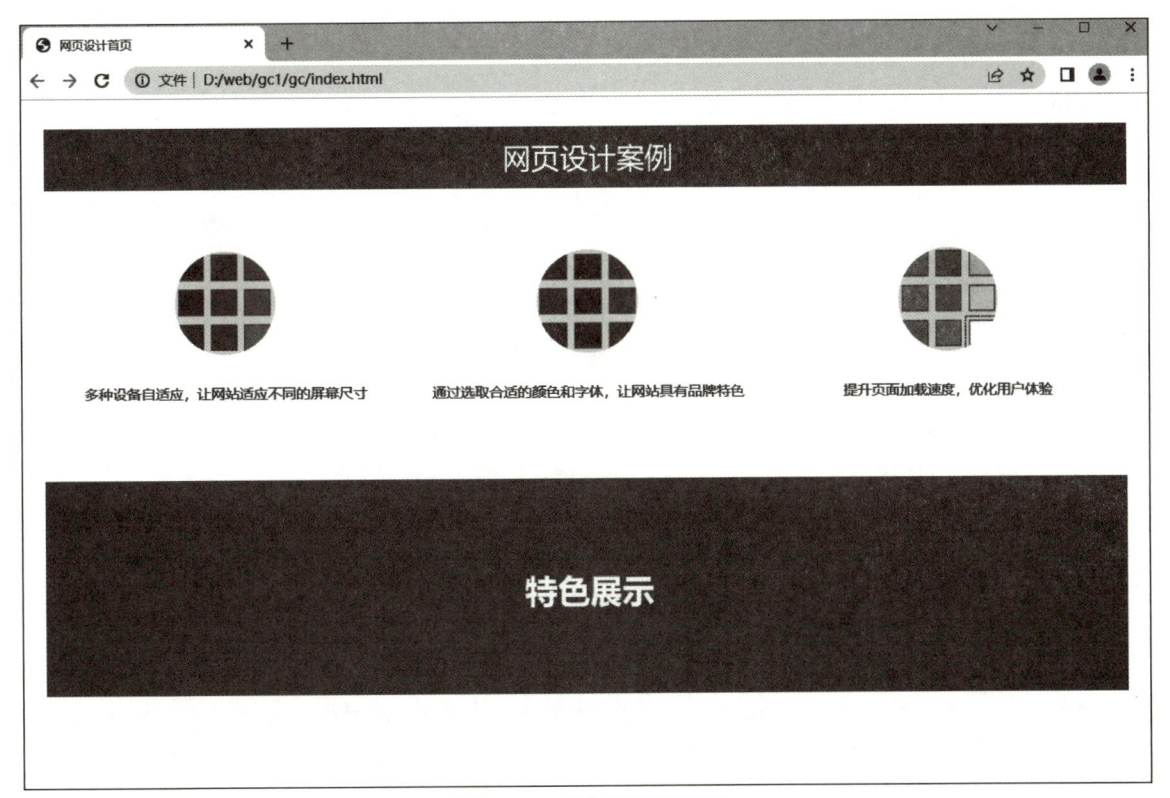

图 2-8　网页运行效果

实现步骤

（1）启动 HBuilderX 软件，创建一个"普通项目"的"基本 HTML 项目"模板，编辑 index.html 文件，添加 <div class="container"> 等标签，如图 2-9 所示。

```
69  <body>
70      <div class="container">
71          <div class="header">
72              <p>网页设计案例</p>
73          </div>
74          <div class="features">
75              <div class="feature">
76                  <img src="img/S1.PNG" alt="">
77                  <p>多种设备自适应，让网站适应不同的屏幕尺寸</p>
78              </div>
79              <div class="feature">
80                  <img src="img/S2.PNG" alt="">
81                  <p>通过选取合适的颜色和字体，让网站具有品牌特色</p>
82              </div>
83              <div class="feature">
84                  <img src="img/S3.PNG" alt="">
85                  <p>提升页面加载速度，优化用户体验</p>
86              </div>
87          </div>
88          <div class="cta">
89              <h2>特色展示</h2>
90          </div>
91      </div>
92  </body>
93  </html>
```

图 2-9　添加 <div class="container"> 等标签

<div class="header"> 等代码的功能解读见表 2-9。

表 2-9　<div class="header"> 等代码的功能解读

代码	功能解读

`<div class="header">`
　　`<p>网页设计案例</p>`
`</div>`
	标签 <div class="header"></div> 内包含标签 "<p>网页设计案例</p>"

`<div class="features">`
　　`<div class="feature">`
　　　　`<img src="img/S1.PNG" alt="">`
　　　　`<p>多种设备自适应，让网站适应不同的屏幕尺寸</p>`
　　`</div>`
`</div>`
	（1）标签 <div class="features"></div> 的类名为 features，内有多个子标签。
	（2）<div class="feature"></div> 作为 <div class="features"> 的子标签。
	（3）每个 <div class="feature"> 标签有一个 <img src="img/S1.PNG" alt=""> 和一个 <p></p> 标签对。
	（4）<img src="img/S1.PNG" alt=""> 显示图片 S1.PNG

`<div class="cta">`
　　`<h2>特色展示</h2>`
`</div>`
	标签 <div class="cta"></div> 的类名为 cta，内有一个 "<h2>特色展示</h2>" 标签

（2）添加 .container{}、.features{}、.feature{} 等样式，如图 2-10 所示。

```
1  <!DOCTYPE html>
2  <html>
3  <head>
4      <meta charset="UTF-8">
5      <title>网页设计首页</title>
6      <style>
7          .container {
8              max-width: 1200px;
9              margin: 0 auto;
10             padding: 20px;
11         }
12         .features {
13             display: flex;
14             align-items: center;
15             justify-content: center;
16             flex-wrap: wrap;
17             margin-top: 40px;
18         }
19         .feature {
20             width: 33.33%;
21             padding: 20px;
22             box-sizing: border-box;
23             text-align: center;
24         }
```

图 2-10 添加 .container{}、.features{}、.feature{} 等样式

.container 等代码的功能解读见表 2-10。

表 2-10 .container 等代码的功能解读

代码	功能解读

.container{
　　max-width:1200px;
　　margin:0 auto;
　　padding:20px;
}
	定义 class 名为 container 的标签样式：
	（1）max-width: 1200px 设置标签最大宽度为 1 200 像素。当浏览器宽度大于 1 200 像素时，标签宽度不再增加。
	（2）margin: 0 auto 实现标签居中显示。
	（3）padding: 20px 设置上下左右内边距均为 20 像素

.features{
　　display:flex;
　　align-items:center;
　　justify-content:center;
　　flex-wrap:wrap;
　　margin-top:40px;
}
	定义 class 名为 features 的标签样式：
	（1）display: flex 设置显示方式为 CSS 弹性盒子模型。
	（2）align-items: center 设置项目元素垂直居中对齐。
	（3）justify-content: center 设置项目元素居中。
	（4）flex-wrap: wrap 设置总宽度不够时，项目换行显示。
	（5）margin-top: 40px 设置上外边距为 40 像素

.feature{
　　width:33.33%;
　　padding:20px;
　　box-sizing:border-box;
　　text-align:center;
}
	定义 class 名为 feature 的标签样式：
	（1）width: 33.33% 设置宽度为 33.33%。
	（2）padding: 20px 设置内边距为 20 像素。
	（3）box-sizing: border-box 使边距大小不影响元素的总大小（border-box 模式）。
	（4）text-align: center 设置文本水平对齐

知识链接

display: flex 是一个 CSS 属性，用于创建一个弹性容器，实现弹性布局效果，从而可以更加方便地对元素进行排列、对齐和分布。

使用 display: flex 可以将一个父元素（容器）变成弹性容器，子元素（项目）成为容器内的弹性项目。弹性容器中的元素可以通过指定 flex-grow、flex-shrink 和 flex-basis 属性来调整它们的大小，并通过 justify-content 和 align-items 属性来控制它们在容器内的对齐方式和分布。

例 2.2.5：

```
html
<style>
    .container{
        display:flex;
        justify-content:center;
        align-items:center;
        height:300px;
    }
</style>
<div class="container">
    <div class="item">1</div>
    <div class="item">2</div>
    <div class="item">3</div>
</div>
```

在上述代码中，.container 类添加了 display: flex 属性，表示创建一个弹性容器，justify-content: center 和 align-items: center 属性将子元素水平和垂直居中对齐，height 属性设置容器的高度为 300 像素。

（3）添加 .feature img{}、.feature p{} 等样式，如图 2-11 所示。

```
25    .feature img {
26        width: 100px;
27        height: 100px;
28        border-radius: 50%;
29        margin-bottom: 10px;
30    }
31    .feature p {
32        font-size: 14px;
33        line-height: 20px;
34    }
```

图 2-11　添加 .feature img{}、.feature p{} 等样式

.feature img 等代码的功能解读见表 2-11。

表 2-11 .feature img 等代码的功能解读

代码	功能解读
| ```
.feature img{
    width:100px;
    height:100px;
    border-radius:50%;
    margin-bottom:10px;
}
``` | 定义 class 名为 feature 的标签内的 `<img>` 标签的样式：<br>（1）width: 100px 设置宽度为 100 像素。<br>（2）height: 100px 设置高度为 100 像素。<br>（3）border-radius: 50% 设置圆角半径为 50%。<br>（4）margin-bottom: 10px 设置下外边距为 10 像素 |
| ```
.feature p{
    font-size:14px;
    line-height:20px;
}
``` | 定义 class 名为 feature 的标签内的 `<p>` 标签的样式：<br>（1）font-size: 14px 设置字号大小为 14 像素。<br>（2）line-height: 20px 设置行高为 20 像素，达到文本在 20 像素高度内垂直居中的效果 |

（4）添加 .cta{}、.cta h2、.cta:hover h2{} 等样式，如图 2-12 所示。

```
.cta {
    display: flex;
    align-items: center;
    justify-content: center;
    flex-direction: column;
    text-align: center;
    background-color: #55aaff;
    color: #fff;
    padding: 60px;
    margin-top: 40px;
}
.cta h2 {
    font-size: 32px;
    font-weight: bold;
    margin-bottom: 20px;
}
.cta:hover h2 {
    color: #f00;
    cursor: pointer;
}
```

图 2-12 添加 .cta{}、.cta h2、.cta:hover h2{} 等样式

.cta 等代码的功能解读见表 2-12。

表 2-12 .cta 等代码的功能解读

代码	功能解读
| ```
.cta{
    display:flex;
    align-items:center;
    justify-content:center;
    flex-direction:column;
    text-align:center;
    background-color:#55aaff;
    color:#fff;
    padding:60px;
    margin-top:40px;
}
``` | 定义 class 名为 cta 的标签样式：<br>（1）display: flex 设置显示方式为 CSS 弹性盒子模型。<br>（2）align-items: center 设置元素垂直居中。<br>（3）justify-content: center 设置元素在水平居中。<br>（4）flex-direction: column 设置元素沿垂直方向排列。<br>（5）text-align: center 设置文本水平居中。<br>（6）background-color: #55aaff 设置背景颜色为 #55aaff。<br>（7）color: #fff 设置前景色为 #fff，即白色。<br>（8）padding: 60px 设置内边距为 60 像素，上下左右均为 60 像素。<br>（9）margin-top: 40px 设置上外边距为 40 像素 |
```

代码	功能解读
| ```
.cta h2{
    font-size:32px;
    font-weight:bold;
    margin-bottom:20px;
}
``` | 定义 class 名为 cta 的标签内的 <h2> 标签的样式：<br>（1）font-size: 32px 设置字号为 32 像素。<br>（2）font-weight: bold 设置文本以粗体显示。<br>（3）margin-bottom: 20px 设置下外边距为 20 像素 |
| ```
.cta:hover h2{
    color:#f00;
    cursor:pointer;
}
``` | 定义 class 名为 cta 的标签内的 <h2> 标签的鼠标悬停时的样式：<br>（1）color: #f00 设置前景色为白色。<br>（2）cursor: pointer 设置鼠标指针为手指型 |

（5）添加 .header{}、.header p{} 等样式，如图 2-13 所示。

```
55    .header {
56        background-color: #55aaff;
57        color: #fff;
58        padding: 20px 0;
59        text-align: center;
60    }
61    .header p {
62        margin: 0;
63        font-size: 28px;
64        line-height: 20px;
65        color: #fff;
66    }
67    </style>
68  </head>
```

图 2-13　添加 .header{}、.header p{} 等样式

.header 等代码的功能解读见表 2-13。

表 2-13　.header 等代码的功能解读

代码	功能解读
| ```
.header{
    background-color:#55aaff;
    color:#fff;
    padding:20px 0;
    text-align:center;
}
``` | 定义 class 名为 header 的标签的样式：<br>（1）background-color: #55aaff 设置背景色为 #55aaff。<br>（2）color: #fff 设置前景色为白色。<br>（3）padding: 20px 0 设置上下内边距为 20 像素，左右内边距为 0 像素。<br>（4）text-align: center 设置文本水平居中 |
| ```
.header p{
    margin:0;
    font-size:28px;
    line-height:20px;
    color:#fff;
}
``` | 定义 class 名为 header 的标签内的 <p> 标签的样式：<br>（1）margin: 0 设置外边距为 0 像素。<br>（2）font-size: 28px 设置文字大小为 28 像素。<br>（3）line-height: 20px 设置文本行高为 20 像素。<br>（4）color: #fff 设置前景色为白色 |

任务三 两列布局

知识准备

页面的导航栏通常位于页面的顶部或侧边，用于导航到不同的页面或网站的不同部分。

例 2.3.1：公司门户网站常见导航栏。代码如下。

```
<nav>
  <ul>
    <li><a href="#">首页</a></li>
    <li><a href="#">关于我们</a></li>
    <li><a href="#">产品</a></li>
    <li><a href="#">联系我们</a></li>
  </ul>
</nav>
```

在上述代码中，使用 nav 元素来表示导航栏，并使用无序列表 ul 和列表项 li 来表示导航项。

根据需要添加更多导航项，每个导航项都放置在 li 元素中，并使用 <a> 标签链接到相应的页面或部分。其中 href="#" 作为占位符链接，在开发应用时，可以将其替换为实际的页面链接。

导航的标签代码完成后，还要设置适当的 CSS 代码对导航栏进行样式设置，才能达到预期的页面效果。

例 2.3.2：使用 CSS 对导航栏进行样式设置。代码如下。

```
nav{
  background-color:#f2f2f2; /* 设置背景色为#f2f2f2 */
  padding:10px;             /* 设置内边距为10像素 */
}

nav ul{
  list-style:none;   /* 设置项目符号为无 */
  display:flex; /* 使用CSS弹性盒子布局 */
}

nav li{
  margin-right:15px;   /* 设置右外边距为15像素 */
}

nav a{
```

```
    text-decoration:none;  /* 用于去除文本的下划线或线条装饰效果  */
    color:#333;            /* 设置文本颜色为#333  */
}

nav a:hover{
    color:#000;            /*导航栏中鼠标悬停时，将链接文本的颜色设置为黑色*/
}
```

添加适当的 HTML 结构和 CSS 样式，有助于创建出各种风格和形式不同的导航栏。

任务描述

（1）导航栏分左、右两列，左边显示标题"顺德美食"，右边显示"首页""关于我们""代表作品""联系我们"等导航项，导航栏设有下边框线。

（2）内容区分左、右两列，左边显示背景图，右边显示一段简介文字。

（3）导航栏和内容区宽度相同，高度适宜。

（4）网页运行效果如图 2-14 所示。

图 2-14 网页运行效果

实现步骤

（1）启动 HBuilderX 软件，创建一个"普通项目"的"基本 HTML 项目"模板，编辑 index.html 文件，添加 <div class="container"> 等标签，如图 2-15 所示。

项目二　页面布局

```
▼ ■ gc                    index.html
  ▶ ■ css            82 □ <body>
  ▼ ■ img            83 □     <div class="container">
      ■ adv.png      84 □         <header class="header">
  ▶ ■ js             85 |             <div class="logo">顺德美食</div>
  <> index.html      86 □             <nav class="nav">
                     87 □                 <ul>
                     88                       <li><a href="#">首页</a></li>
                     89                       <li><a href="#">关于我们</a></li>
                     90                       <li><a href="#">代表作品</a></li>
                     91                       <li><a href="#">联系我们</a></li>
                     92                   </ul>
                     93                 </nav>
                     94             </header>
                     95 □         <section class="about">
                     96                 <div class="about-img"></div>
                     97 □             <div class="about-content">
                     98                     <p>2014年12月1日，联合国教科文组织授予广东顺德"世界美食之都"的称号，
                     99                     顺德成为中国第二个获此殊荣的城市,这是全世界第六个获此殊荣的城市。</p>
                    100                 </div>
                    101             </section>
                    102         </div>
                    103     </body>
                    104 </html>
```

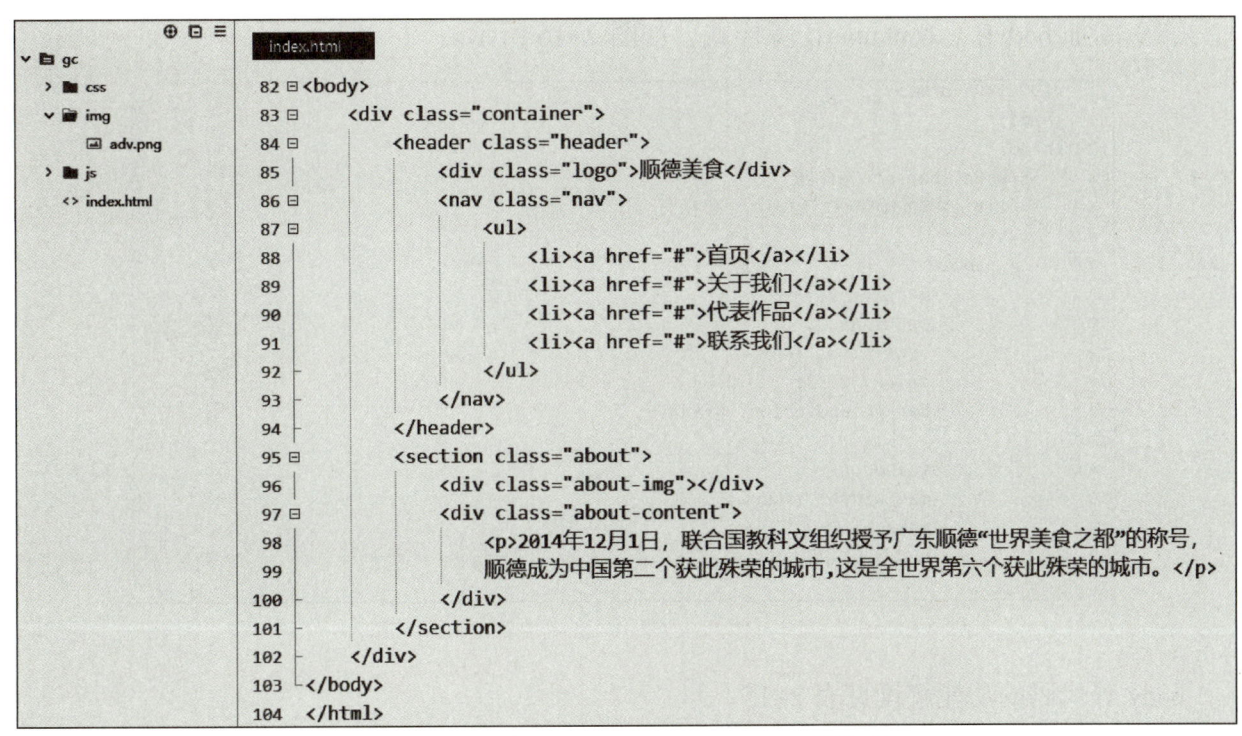

图 2-15　添加 <div class="container"> 等标签

<header class="header"> 等代码的功能解读见表 2-14。

表 2-14　<header class="header"> 等代码的功能解读

代码	功能解读

`<header class="header">`
　　`<div class="logo">顺德美食</div>`
　　`<nav class="nav">`
　　　　`<ul>`
　　　　　　`<li><a href="#">首页</a></li>`
　　　　　　`<li><a href="#">关于我们</a></li>`
　　　　　　`<li><a href="#">代表作品</a></li>`
　　　　　　`<li><a href="#">联系我们</a></li>`
　　　　`</ul>`
　　`</nav>`
`</header>`
	（1）标签 <div class="header"></div> 内包含标题和导航栏内容。
	（2）标签"<div class="logo">顺德美食</div>"显示标题，样式由 .logo{} 定义。
	（3）标签对 <ul></ul> 内包含多个 <li> 标签，实现导航栏项目内容，每项包含一个 <a href="#"> 标签，添加目标内容后可链接到目标

`<section class="about">`
　　`<div class="about-img"></div>`
　　`<div class="about-content">`
　　　　`<p>2014年12月1日，联合国教科文组织授予广东顺德"世界美食之都"的称号，顺德成为中国第二个获此殊荣的城市,这是全世界第六个获此殊荣的城市。</p>`
　　`</div>`
`</section>`
	（1）标签 <section class="about"></div> 包含 <div class="about-img"></div> 等标签。
	（2）标签 <div class="about-img"></div> 的样式由 .about-img 设置。
	（3）标签 <div class="about-content"> 包含一个 <p></p> 标签对，<p> 标签一般用于显示文字段落

（2）添加 body{}、.container{} 等样式，如图 2-16 所示。

```
1   <!DOCTYPE html>
2   <html>
3   <head>
4       <meta charset="UTF-8">
5       <title>顺德美食</title>
6       <style>
7           body {
8               margin: 0;
9               padding: 0;
10              font-size: 14px;
11              color: #333;
12              background-color: #f5f5f5;
13          }
14          .container {
15              max-width: 1200px;
16              margin: 0 auto;
17              padding: 20px;
18          }
```

图 2-16　添加 body{}、.container{} 等样式

body 等代码的功能解读见表 2-15。

表 2-15　body 等代码的功能解读

代码	功能解读

body{
　　margin:0;
　　padding:0;
　　font-size:14px;
　　color:#333;
　　background-color:#f5f5f5;
}
	定义 \<body\> 标签的样式：
	（1）margin: 0 设置外边距为 0 像素。
	（2）padding: 0 设置内边距为 0 像素。
	（3）font-size: 14px 设置文字大小为 14 像素。
	（4）color: #333 设置前景色为 #333。
	（5）background-color: #f5f5f5 设置背景色为 #f5f5f5

.container{
　　max-width:1200px;
　　margin:0 auto;
　　padding:20px;
}
	定义 class 名为 container 的标签的样式：
	（1）max-width: 1200px 设置标最大的宽度为 1 200 像素。
	（2）margin: 0 auto 设置上下外边距为 0 像素，左右边距自动平分，实现居中的效果。
	（3）padding: 20px 设置内边距为 20 像素。

（3）添加 .header{}、.logo{} 等样式，如图 2-17 所示。

```
19      .header {
20          display: flex;
21          align-items: center;
22          justify-content: space-between;
23          padding: 10px 0;
24          border-bottom: 2px solid #ccc;
25      }
26      .logo {
27          font-weight: bold;
28          font-size: 24px;
29          color: #333;
30      }
```

图 2-17　添加 .header{}、.logo{} 等样式

.header 等代码的功能解读见表 2-16。

表 2-16 .header 等代码的功能解读

代码	功能解读
| ```
.header{
    display:flex;
    align-items:center;
    justify-content:space-between;
    padding:10px 0;
    border-bottom:2px solid #ccc;
}
``` | 定义 class 名为 header 的标签的样式：<br>（1）display: flex 设置 CSS 弹性盒子模型。<br>（2）align-items: center 设置元素沿垂直方向居中。<br>（3）justify-content: space-between 设置空隙留在元素之间。<br>（4）padding: 10px 0 设置上下内边距为 10 像素，左右内边距为 0 像素。<br>（5）border-bottom: 2px solid #ccc 设置边框线粗细尺寸为 2 像素，线型为实线，颜色为 #ccc |
| ```
.logo{
    font-weight:bold;
    font-size:24px;
    color:#333;
}
``` | 定义 class 名为 logo 的标签的样式：<br>（1）font-weight: bold 设置字体粗体显示。<br>（2）font-size: 24px 设置字号为 24 像素。<br>（3）color: #333 设置前景色为 #333 |

知识链接

padding 是一个 CSS 属性，用于设置元素的内边距。内边距是指元素的内容区域与边框之间的距离，可以通过添加内边距来调整元素的大小、位置或者间距。

padding 属性可以单独指定上、右、下、左 4 个方向的内边距，也可以同时指定所有方向的内边距。具体 CSS 语法如下。

```
padding-top:10px;               /* 上方向的内边距，即上内边距为 10 像素 */
padding-right:20px;             /* 右方向的内边距，即右内边距为 20 像素 */
padding-bottom:30px;            /* 下方向的内边距，即下内边距为 30 像素 */
padding-left:40px;              /* 左方向的内边距，即左内边距为 40 像素 */
padding:10px 20px 30px 40px;    /* 分别对应 top、right、bottom、left */
padding:10px 20px 30px;         /* 内边距：上为 10 像素，左右相同为 20 像素，下为 30 像素 */
padding:10px 20px;              /* 上下相同的内边距为 10 像素、左右相同的内边距为 20 像素 */
padding:10px;                   /* 四个方向相同的内边距为 10 像素 */
```

（4）添加 .nav{}、.nav li{} 等样式，如图 2-18 所示。

```
.nav {
    display: flex;
    align-items: center;
    justify-content: flex-end;
    list-style: none;
    padding: 0;
    margin: 0;
}
.nav li {
    margin-left: 20px;
}
```

图 2-18 添加 .nav{}、.nav li{} 等样式

.nav 等代码的功能解读见表 2-17。

表 2-17 .nav 等代码的功能解读

代码	功能解读

.nav{
　　display:flex;
　　align-items:center;
　　justify-content:flex-end;
　　list-style:none;
　　padding:0;
　　margin:0;
}
	定义 class 名为 nav 的标签的样式：
	（1）display: flex 设置为 CSS 弹性盒子模型。
	（2）align-items: center 设置文本对齐方式为水平居中。
	（3）justify-content: flex-end 的作用是使弹性容器中的所有子元素沿着主轴方向排列，并在主轴的末尾对齐。
	（4）list-style: none 设置项目符号为无。
	（5）padding: 0 设置内边距为 0 像素。
	（6）margin: 0 设置外边距为 0 像素

.nav li{
　　margin-left:20px;
}
	定义 class 名为 nav 的标签内的 \<li> 标签的样式：
	margin-left: 20px 设置左外边距为 20 像素

（5）添加 .nav a{}、.nav a:hover{} 等样式，如图 2-19 所示。

```
42   .nav a {
43       color: #333;
44       text-decoration: none;
45       transition: color 0.3s;
46   }
47   .nav a:hover {
48       color: #f00;
49   }
```

图 2-19 添加 .nav a{}、.nav a:hover{} 等样式

.nav a 等代码的功能解读见表 2-18。

表 2-18 .nav a 等代码的功能解读

代码	功能解读

.nav a{
　　color:#333;
　　text-decoration:none;
　　transition:color 0.3s;
}
	定义 class 名为 nav 的标签内的 \<a> 标签的样式：
	（1）color: #333 设置前景色为 #333。
	（2）text-decoration: none 设置下划线为无。
	（3）transition: color 0.3s 作用是当元素的颜色发生改变时，在经过 0.3s 的时间内，渐变地过渡到新的颜色

.nav a:hover{
　　color:#f00;
}
	定义 class 名为 nav 的标签内的 \<a> 标签在鼠标悬停时的样式：
	color: #f00 设置背景色为红色

（6）添加 .about{}、.about-img{} 等样式，如图 2-20 所示。

```
50     .about {
51         display: flex;
52         align-items: center;
53         justify-content: center;
54         flex-wrap: wrap;
55         margin-top: 40px;
56     }
57     .about-img {
58         flex-basis: 50%;
59         padding: 20px;
60         box-sizing: border-box;
61         text-align: center;
62         background-image: url('img/adv.png');
63         background-size: cover;
64         height: 400px;
65     }
```

图 2-20　添加 .about{}、.about-img{} 等样式

.about 等代码的功能解读见表 2-19。

表 2-19　.about 等代码的功能解读

代码	功能解读

.about{
　　display:flex;
　　align-items:center;
　　justify-content:center;
　　flex-wrap:wrap;
　　margin-top:40px;
}
	定义 class 名为 about 的标签的样式：
	（1）display: flex 设置为 CSS 弹性盒子模型。
	（2）align-items: center 设置文本对齐方式为水平居中。
	（3）justify-content: center 设置元素在其容器中水平居中对齐。
	（4）flex-wrap: wrap 设置允许元素换行。
	（5）margin-top: 40px 设置上外边距为 40 像素

.about-img{
　　flex-basis:50%;
　　padding:20px;
　　box-sizing:border-box;
　　text-align:center;
　　background-image:url('img/adv.png');
　　background-size:cover;
　　height:400px;
}
	定义 class 名为 about-img 的标签的样式：
	（1）flex-basis: 50% 设置宽度是父容器的 50%。
	（2）padding: 20px 设置内边距为 20 像素。
	（3）box-sizing: border-box 的作用是使内部元素的内边距或边框大小不会影响容器的大小。
	（4）text-align: center 设置文本居中对齐。
	（5）background-image: url('img/adv.png') 设置背景图为 adv.png 文件。
	（6）background-size: cover 设置图片比例缩放至背景区域内部，以适应背景区域的大小。
	（7）height: 400px 设置高度为 400 像素

（7）添加 .about-content{}、.about p{} 等样式，如图 2-21 所示。

```
66    .about-content {
67        flex-basis: 50%;
68        height: 400px;
69        padding: 20px;
70        box-sizing: border-box;
71        text-align: left;
72        display: flex;
73        align-items: center;
74        background:linear-gradient(#99d9ea ,#00a2e8 );
75    }
76    .about p {
77        font-size: 16px;
78        line-height: 24px;
79    }
80    </style>
81 </head>
```

图 2-21　添加 .about-content{}、.about p{} 等样式

.about-content 等代码的功能解读见表 2-20。

表 2-20　.about-content 等代码的功能解读

代码	功能解读

.about-content{
　　flex-basis:50%;
　　height:400px;
　　padding:20px;
　　box-sizing:border-box;
　　text-align:left;
　　display:flex;
　　align-items:center;
　　background:linear-gradient(#99d9ea,#00a2e8);
}
	定义 class 名为 about-content 的标签的样式：
	（1）flex-basis: 50% 设置宽度是父容器的 50%。
	（2）height: 400px 设置高度为 400 像素。
	（3）padding: 20px 设置内边距为 20 像素。
	（4）box-sizing: border-box 的作用是使内部元素的内边距或边框大小不会影响容器的大小。
	（5）text-align: left 设置文本左对齐。
	（6）display: flex 设置为 CSS 弹性盒子模型。
	（7）align-items: center 设置文本对齐方式为水平居中。
	（8）background:linear-gradient(#99d9ea ,#00a2e8) 设置背景色为渐变色效果，起始颜色为 #99d9ea，结束颜色为 #00a2e8

.about p{
　　font-size:16px;
　　line-height:24px;
}
	定义 class 名为 about 的标签内的 <p> 标签的样式：
	（1）font-size: 16px 设置字体大小为 16 像素。
	（2）line-height: 24px 设置文本行高为 24 像素

任务四 左侧定位布局

知识准备

position: fixed 是 CSS 的定位属性之一，用于将元素相对于浏览器窗口进行固定定位。这意味着无论用户如何滚动页面，该元素都将保持在固定的位置上。

例 2.4.1： 将元素 .box 固定定位在浏览器窗口的左上角。代码如下。

```
.box{
  position:fixed;
  top:0;
  left:0;
}
```

（1）.box 是一个类选择器，适用于具有 class="box" 属性的元素。

（2）"position: fixed;" 将 .box 元素应用为固定定位，它将保持在页面上的固定位置，不随页面滚动而移动。

（3）"top: 0;" 指定了 .box 元素距离浏览器窗口顶部的距离是 0 像素。这使 .box 元素位于浏览器窗口的顶部。

（4）"left: 0;" 指定了 .box 元素距离浏览器窗口左侧的距离是 0 像素。这使 .box 元素位于浏览器窗口的左侧。

例 2.4.2： 将元素 .box 固定定位在浏览器窗口的右上角。代码如下。

```
#box{
  position:fixed;
  top:0;
  right:0;
  width:100px;
  height:100px;
  background-color:red;
}
```

（1）#box 是一个 ID 选择器，适用于具有 id="box" 属性的元素。

（2）"position: fixed;" 将 #box 元素应用为固定定位，它将保持在页面上的固定位置，不随页面滚动而移动。

（3）"top: 0;" 指定了 #box 元素距离浏览器窗口顶部的距离是 0 像素。这使 #box 元素位于浏览器窗口的顶部。

（4）"right: 0;" 指定了 #box 元素距离浏览器窗口右侧的距离是 0 像素。这使 #box 元素位于浏览器窗口的右侧。

（5）"width: 100px;"指定了 #box 元素的宽度为 100 像素。

（6）"height: 100px;"指定了 #box 元素的高度为 100 像素。

（7）"background-color: red;"指定了 #box 元素的背景颜色为红色。

这段代码将具有 id="box" 属性的元素应用为固定定位，并使其位于浏览器窗口的右上角。该元素的宽度为 100 像素，高度为 100 像素，并具有红色的背景颜色。

请注意，使用 ID 选择器的元素时应保持唯一性，因为在一个页面中只应该有一个具有相同 ID 的元素。要使元素实际应用这些样式，需要将 id="box" 属性添加到 HTML 元素中。

```
<div id="box"></div>
```

例 2.4.3：将元素 .box 固定在浏览器窗口底部。代码如下。

```
#box{
    position:fixed;
    bottom:0;
    width:100%;
    height:100px;
    background-color:red;
}
```

（1）"position: fixed;"将 #box 元素应用为固定定位，它将保持在页面上的固定位置，不随页面滚动而移动。

（2）"bottom: 0;"指定了 #box 元素距离浏览器窗口底部的距离是 0 像素。这使 #box 元素位于浏览器窗口的底部。

（3）"width: 100%;"指定了 #box 元素的宽度为相对于父元素的 100%。这将使 #box 元素的宽度与其父元素的宽度相等。

这段代码将具有 id="box" 属性的元素应用为固定定位，并将其位于浏览器窗口的底部。元素将填充父元素的宽度，高度为 100 像素，并具有红色的背景颜色。

任务描述

（1）左侧导航栏采用固定定位，宽度适宜，边框设有阴影效果。

（2）左边区域设有背景色。

（3）右边区域设有文本内容容器框，边框设有阴影效果，鼠标指针悬停于文本段落时，文本变大，鼠标指针变为手指形。

（4）网页运行效果如图 2-22 所示。

项目二 页面布局 79

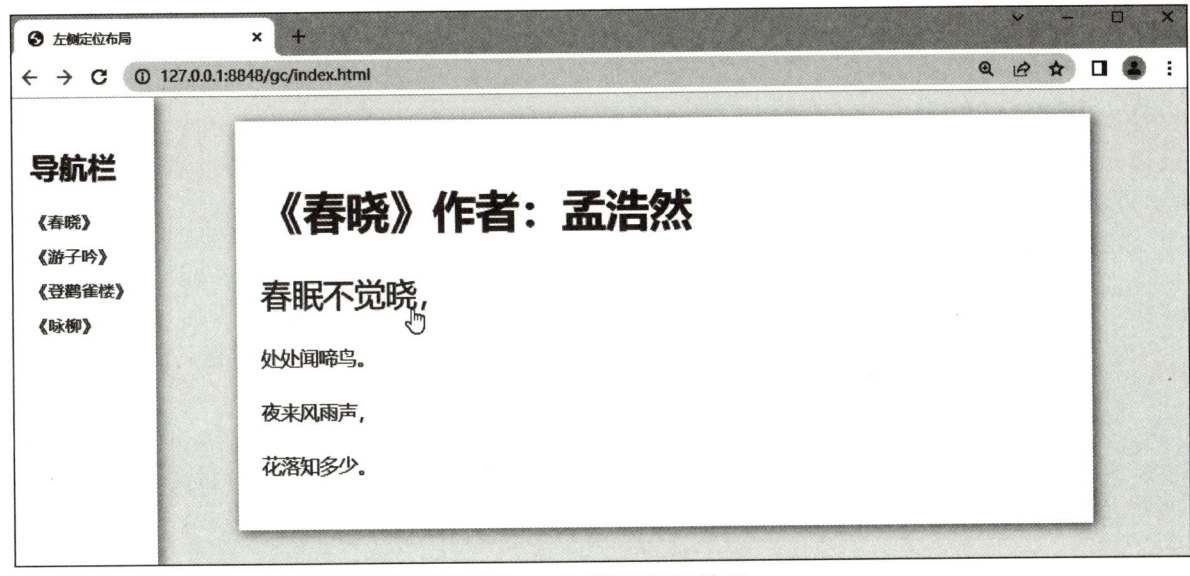

图 2-22 网页运行效果

实现步骤

（1）启动 HBuilderX 软件，创建一个"普通项目"的"基本 HTML 项目"模板，编辑 index.html 文件，添加 <div class="container"> 等标签，如图 2-23 所示。

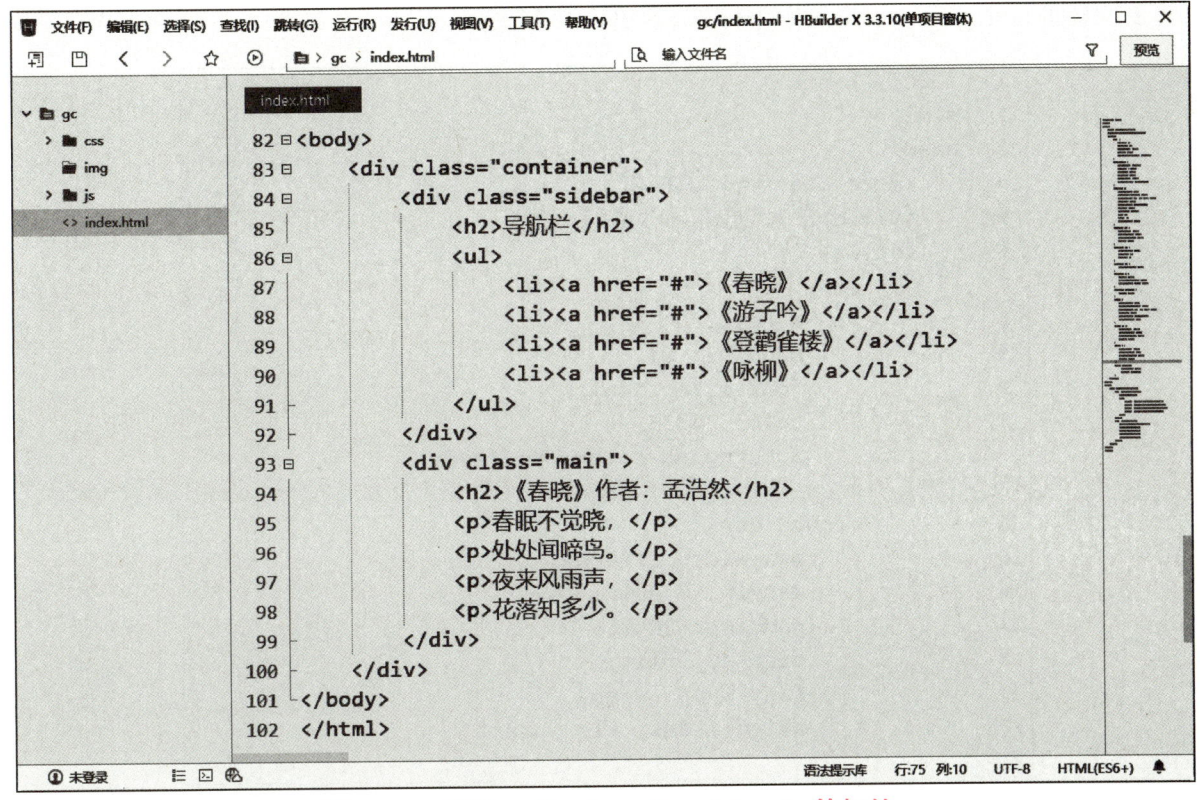

```html
<body>
    <div class="container">
        <div class="sidebar">
            <h2>导航栏</h2>
            <ul>
                <li><a href="#">《春晓》</a></li>
                <li><a href="#">《游子吟》</a></li>
                <li><a href="#">《登鹳雀楼》</a></li>
                <li><a href="#">《咏柳》</a></li>
            </ul>
        </div>
        <div class="main">
            <h2>《春晓》作者：孟浩然</h2>
            <p>春眠不觉晓，</p>
            <p>处处闻啼鸟。</p>
            <p>夜来风雨声，</p>
            <p>花落知多少。</p>
        </div>
    </div>
</body>
</html>
```

图 2-23 添加 <div class="container"> 等标签

<div class="sidebar"> 等代码的功能解读见表 2-21。

表 2-21 <div class="sidebar"> 等代码的功能解读

代码	功能解读
``` <div class="sidebar"> <h2> 导航栏 </h2> <ul> <li><a href="#">《春晓》</a></li> <li><a href="#">《游子吟》</a></li> <li><a href="#">《登鹳雀楼》</a></li> <li><a href="#">《咏柳》</a></li> </ul> </div> ```	（1）<div class="sidebar"> 标签包含一个 "<h2> 导航栏 </h2>" 标签和一个 <ul></ul> 标签对。 （2）"<h2> 导航栏 </h2>" 标签显示 "导航栏" 标题。 （3）<li> 标签内含一个 <a> 标签，若把 href="#" 中的 # 号更改为目标，可实现超链接功能
``` <div class="main"> <h2>《春晓》作者：孟浩然 </h2> <p> 春眠不觉晓，</p> <p> 处处闻啼鸟。</p> <p> 夜来风雨声，</p> <p> 花落知多少。</p> </div> ```	（1）<div class="main"> 标签包括一个 <h2> 标签。 （2）"<h2>《春晓》作者：孟浩然 </h2>" 显示 "《春晓》作者：孟浩然" 标题。 （3）<p> 标签用于显示段落文字

（2）添加 body{}、.container{} 等样式，如图 2-24 所示。

```
1  <!DOCTYPE html>
2  <html>
3  <head>
4      <meta charset="UTF-8">
5      <title>左侧定位布局</title>
6      <style>
7          body {
8              margin: 0;
9              padding: 0;
10             font-size: 14px;
11             color: #333;
12             background-color: #fffae8;
13         }
14         .container {
15             max-width: 1200px;
16             margin: 0 auto;
17             padding: 20px;
18             display: flex;
19             flex-wrap: wrap;
20             align-items: flex-start;
21         }
```

图 2-24 添加 body{}、.container{} 等样式

body 等代码的功能解读见表 2-22。

表 2-22　body 等代码的功能解读

代码	功能解读

``
body{
    margin:0;
    padding:0;
    font-size:14px;
    color:#333;
    background-color:#fffae8;
}
``
	定义 \<body\> 标签的样式：
	（1）margin: 0 设置外边距为 0 像素。
	（2）padding: 0 设置内边距为 0 像素。
	（3）font-size: 14px 设置字号为 14 像素。
	（4）background-color: #fffae8 设置背景色为 #fffae8

``
.container{
    max-width:1200px;
    margin:0 auto;
    padding:20px;
    display:flex;
    flex-wrap:wrap;
    align-items:flex-start;
}
``
	定义 class 名为 container 的样式：
	（1）max-width: 1200px 设置最大宽度为 1 200 像素。
	（2）margin: 0 auto 设置上下外边距为 0 像素，左右自动分布，实现居中效果。
	（3）padding: 20px 设置内边距为 20 像素。
	（4）display: flex 设置为 CSS 弹性盒子模型。
	（5）flex-wrap: wrap 设置允许元素换行。
	（6）align-items: flex-start 设置元素相对于父容器顶部对齐

（3）添加 .sidebar{}、.sidebar h2{} 等样式，如图 2-25 所示。

```
22   .sidebar {
23       flex-basis: 25%;
24       background-color: #fff;
25       box-shadow: 2px 2px 10px #ccc;
26       padding: 20px;
27       box-sizing: border-box;
28       height: 100%;
29       position: fixed;
30       top: 0;
31       left: 0;
32       overflow-y: auto;
33   }
34   .sidebar h2 {
35       font-size: 24px;
36       font-weight: bold;
37       margin-bottom: 20px;
38       color: #333;
39   }
```

图 2-25　添加 .sidebar{}、.sidebar h2{} 等样式

.sidebar 等代码的功能解读见表 2-23。

表 2-23 .sidebar 等代码的功能解读

代码	功能解读

``
.sidebar{
    flex-basis:25%;
    background-color:#fff;
    box-shadow:2px 2px 10px #ccc;
    padding:20px;
    box-sizing:border-box;
    height:100%;
    position:fixed;
    top:0;
    left:0;
    overflow-y:auto;
}
``
	定义 class 名为 sidebar 的标签的样式：
	（1）flex-basis: 25% 设置元素宽度为父容器的 25%。
	（2）background-color: #fff 设置背景色为白色 #fff。
	（3）box-shadow: 2px 2px 10px #ccc 设置水平方向上的阴影偏移距离为 2 像素，垂直方向上的阴影偏移距离为 2 像素，模糊半径为 10 像素，阴影的颜色为灰色。
	（4）padding: 20px 设置内边距为 20 像素。
	（5）box-sizing: border-box 的作用是内部元素的内边距或边框大小不会影响容器的大小。
	（6）height: 100% 设置元素高度为父容器高度的 100%。
	（7）position: fixed 设置固定定位方式。
	（8）top: 0 设置上边距为 0 像素。
	（9）left: 0 设置左边距为 0 像素。
	（10）overflow-y: auto 设置当子元素边距超过父容器边界时，浏览器会自动根据需要决定是否显示滚动条

``
.sidebar h2{
    font-size:24px;
    font-weight:bold;
    margin-bottom:20px;
    color:#333;
}
``
	定义 class 名为 sidebar 的标签内的 \<h2\> 标签的样式：
	（1）font-size: 24px 设置字号为 24 像素。
	（2）font-weight: bold 设置字体为粗体。
	（3）margin-bottom: 20px 设置下外边距为 20 像素。
	（4）color: #333 设置前景色为 #333

知识链接

position: fixed 是 CSS 中的定位属性之一，用于使元素位于相对于浏览器窗口固定的位置。当设置了 position: fixed 后，该元素将脱离文档流，不再随着文档的滚动而滚动，而是相对于浏览器窗口进行定位。因此，在滚动页面时，这个元素始终会保持在视窗内指定的位置，不会发生位置变化。

例 2.4.3：top 和 left 属性用于指定该元素固定在浏览器窗口左上角的位置。代码如下。

```
.element{
    position:fixed;
    top:0;
    left:0;
}
```

例 2.4.4：bottom 和 right 属性用于指定该元素固定在浏览器窗口右下角的位置。代码如下。

```
.element{
    position:fixed;
    bottom:0;
    right:0;
}
```

如果同时使用 top、left、bottom 和 right 属性，则会根据这 4 个值共同确定元素的位置。

（4）添加 .sidebar ul{}、.sidebar li{} 等样式，如图 2-26 所示。

```
40  .sidebar ul {
41      list-style: none;
42      padding: 0;
43      margin: 0;
44  }
45  .sidebar li {
46      margin-bottom: 10px;
47  }
```

图 2-26 添加 .sidebar ul{}、.sidebar li{} 等样式

.sidebar ul 等代码的功能解读见表 2-24。

表 2-24 .sidebar ul 等代码的功能解读

代码	功能解读

`.sidebar ul{`
`    list-style:none;`
`    padding:0;`
`    margin:0;`
`}`
	定义 class 名为 sidebar 的标签内的 \<ul\> 标签的样式：
	（1）list-style: none 设置项目符号为无。
	（2）padding: 0 设置内边距为 0 像素。
	（3）margin: 0 设置外边距为 0 像素

`.sidebar li{`
`    margin-bottom:10px;`
`}`
	定义 class 名为 sidebar 的标签内的 \<li\> 标签的样式：
	margin-bottom: 10px 设置下外边距为 10 像素

（5）添加 .sidebar a{}、.sidebar a:hover{} 等样式，如图 2-27 所示。

```
48  .sidebar a {
49      color: #333;
50      text-decoration: none;
51      transition: color 0.3s;
52  }
53  .sidebar a:hover {
54      color: #f00;
55  }
```

图 2-27 添加 .sidebar a{}、.sidebar a:hover{} 等样式

.sidebar a 等代码的功能解读见表 2-25。

表 2-25 .sidebar a 等代码的功能解读

代码	功能解读

`.sidebar a{`
`    color:#333;`
`    text-decoration:none;`
`    transition:color 0.3s;`
`}`
	定义 class 名为 sidebar 的标签内的 <a> 标签的样式：
	（1）color: #333 设置前景色为 #333。
	（2）text-decoration: none 设置下划线为无。
	（3）transition: color 0.3s 的作用是当元素的颜色发生改变时，在 0.3s 的时间内，渐变地过渡到新的颜色

`.sidebar a:hover{`
`    color:#f00;`
`}`
	定义 class 名为 sidebar 的标签内的 <a> 标签在鼠标悬停时的样式：
	color: #f00 设置背景色为红色

（6）添加 .main{}、.main h2{}、.main p{}、.main p:hover{} 等样式，如图 2-28 所示。

```
56  .main {
57      flex-basis: 75%;
58      background-color: #fff;
59      box-shadow: 2px 2px 10px #ccc;
60      padding: 20px;
61      box-sizing: border-box;
62      margin-left: 18%;
63  }
64  .main h2 {
65      font-size: 36px;
66      font-weight: bold;
67      margin-bottom: 20px;
68      color: #333;
69  }
70  .main p {
71      font-size: 16px;
72      line-height: 1.5;
73      margin-bottom: 20px;
74      color: #555;
75  }
76  .main p:hover{
77      font-size: 26px;
78      cursor: pointer;
79  }
80      </style>
81  </head>
```

图 2-28 添加 .main{}、.main h2{}、.main p{}、.main p:hover{} 等样式

.main 等代码的功能解读见表 2-26。

表 2-26　.main 等代码的功能解读

代码	功能解读
| ```
.main{
    flex-basis:75%;
    background-color:#fff;
    box-shadow:2px 2px 10px #ccc;
    padding:20px;
    box-sizing:border-box;
    margin-left:18%;
}
``` | 定义 class 名为 main 的标签的样式：<br>（1）flex-basis: 75% 设置元素的宽度是父容器的 75%。<br>（2）background-color: #fff 设置背景色为白色 #fff。<br>（3）box-shadow: 2px 2px 10px #ccc 设置水平方向上的阴影偏移距离为 2 像素，垂直方向上的阴影偏移距离为 2 像素，模糊半径为 10 像素，阴影的颜色为灰色。<br>（4）padding: 20px 设置内边距为 20 像素。<br>（5）box-sizing: border-box 设置边距和边距的大小不影响元素的大小。<br>（6）margin-left: 18% 设置左外边距为 18% |
| ```
.main h2{
    font-size:36px;
    font-weight:bold;
    margin-bottom:20px;
    color:#333;
}
``` | 定义 class 名为 main 的标签内的 <h2> 标签的样式：<br>（1）font-size: 36px 设置字体大小为 36 像素。<br>（2）font-weight: bold 设置字体为粗体。<br>（3）margin-bottom: 20px 设置下外边距为 20 像素。<br>（4）color: #333 设置前景色为 #333 |
| ```
.main p{
    font-size:16px;
    line-height:1.5;
    margin-bottom:20px;
    color:#555;
}
``` | 定义 class 名为 main 的标签内的 <p> 标签的样式：<br>（1）font-size: 16px 设置字号为 16 像素。<br>（2）line-height: 1.5 设置文本行高为 1.5 倍。<br>（3）margin-bottom: 20px 设置下外边距为 20 像素。<br>（4）color: #555 设置前景色为 #555 |
| ```
.main p:hover{
    font-size:26px;
    cursor:pointer;
}
``` | 定义 class 名为 main 的标签内的 <p> 标签在鼠标悬停时的样式：<br>（1）font-size: 26px 设置字号为 26 像素。<br>（2）cursor: pointer 设置鼠标指针为手指形 |

任务五　固定定位应用于页面布局

知识准备

1. max-width 属性

max-width 是一个 CSS 属性，用于指定元素的最大宽度。

当元素的内容超过指定的最大宽度时，元素的宽度将自动收缩到最大宽度值，不再继续增加。

常见的用法是将 max-width 与 width 结合使用，以确保元素在窗口缩小时可以自适应地调整大小，而不会溢出布局。

例如：

```
.box{
    max-width:500px;
    width:100%;
}
```

这段代码定义了一个名为 .box 的 CSS 类，其中 max-width 设置为 500 像素，width 设置为 100%。这表示 .box 元素的最大宽度为 500 像素，但在容器宽度较小时，它会自动收缩到与父容器相等的宽度。

max-width 属性仅在元素的实际宽度超过指定的最大宽度时才生效。如果元素的实际宽度小于或等于最大宽度，则 max-width 不会产生任何效果。

2. box-sizing 属性

box-sizing 是一个 CSS 属性，用于指定元素的盒模型计算方式。

在默认情况下，元素的盒模型由内容区域（content）、内边距（padding）、边框（border）和外边距（margin）组成。这些部分的宽度和高度会影响元素在页面布局中所占据的空间。

box-sizing 属性可以接受以下几个值。

（1）content-box：这是默认值。元素的宽度和高度只包括内容区域，不包括内边距、边框和外边距。元素的实际宽度等于设置的宽度加上内边距和边框的宽度。

（2）border-box：元素的宽度和高度包括内容区域、内边距和边框。元素的实际宽度等于设置的宽度，内边距和边框的宽度会从内容区域内部被减去。

通过将 box-sizing 设置为 border-box，可以更方便地控制元素的总体尺寸，因为不需要考虑内边距和边框对实际宽度的影响。

任务描述

（1）顶部标题栏设有背景色，字体颜色白色，文本水平居中且垂直居中。

（2）左侧导航栏采用固定定位，宽度适宜，边框设有阴影效果。

（3）导航项包括"公司概况""组织结构""发展历程""荣誉资质""联系我们"等，在悬停鼠标时，文字颜色为红色，鼠标指针为手指形。

（4）导航栏侧边分上、下两个区域。上部分设置背景图，图中适当位置显示"公司概况"等文本内容。底部设有"版权"栏，设有背景色，字体颜色为白色。

（5）网页运行效果如图 2-29 所示。

项目二 页面布局　87

图 2-29　网页运行效果

实现步骤

（1）启动 HBuilderX 软件，创建一个"普通项目"的"基本 HTML 项目"模板，编辑 index.html 文件，添加 <div class="header">、<div class="container"> 等标签，如图 2-30 所示。

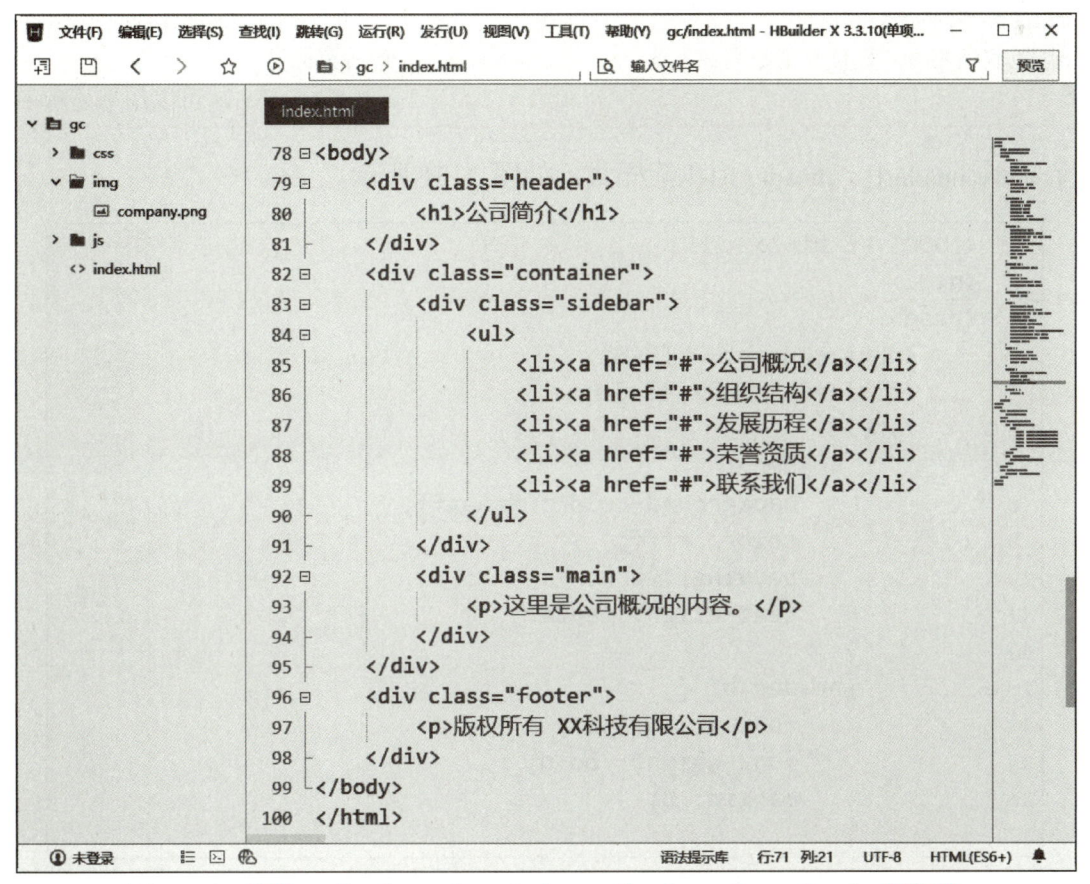

图 2-30　添加 <div class="header">、<div class="container"> 等标签

<div class="header"> 等代码的功能解读见表 2-27。

表 2-27 <div class="header"> 等代码的功能解读

代码	功能解读
``` <div class="header"> <h1> 公司简介 </h1> </div> ```	（1）<div class="header"> 标签包括一个 <h1> 标签。 （2）"<h1> 公司简介 </h1>" 标签显示 "公司简介" 标题
``` <div class="container"> <div class="sidebar"> <ul> <li><a href="#"> 公司概况 </a></li> <li><a href="#"> 组织结构 </a></li> <li><a href="#"> 发展历程 </a></li> <li><a href="#"> 荣誉资质 </a></li> <li><a href="#"> 联系我们 </a></li> </ul> </div> <div class="main"> <p> 这里是公司概况的内容。</p> </div> </div> ```	（1）<div class="container"> 标签包括一个 <div class="sidebar"> 标签和一个 <div class="main"> 标签。 （2）<div class="sidebar"> 标签内有一个 <ul> 标签。 （3）<ul> 标签有 5 个 <li> 标签，实现 5 项导航功能。 （4）<div class="main"> 标签包括一个 <p> 标签。 （5）<p></p> 可以用来显示一段文字
``` <div class="footer"> <p> 版权所有 XX 科技有限公司 </p> </div> ```	（1）<div class="footer"> 标签包括一个 <p> 标签。 （2）<p></p> 可以用来显示一段文字

（2）添加 .header{}、.header h1{} 等样式，如图 2-31 所示。

```
1  <!DOCTYPE html>
2  <html>
3  <head>
4      <meta charset="UTF-8">
5      <title>公司简介</title>
6      <style>
7          .header {
8              background-color: #aaaaff;
9              color: #fff;
10             padding: 20px;
11             text-align: center;
12         }
13         .header h1 {
14             font-size: 36px;
15             font-weight: bold;
16             margin: 0;
17         }
```

图 2-31 添加 .header{}、.header h1{} 等样式

.header 等代码的功能解读见表 2-28。

表 2-28 .header 等代码的功能解读

代码	功能解读

``
.header{
    background-color:#aaaaff;
    color:#fff;
    padding:20px;
    text-align:center;
}
``
	定义 class 名为 header 的标签的样式：
	（1）background-color: #aaaaff 设置背景色为 #aaaaff。
	（2）color: #fff 设置前景色为白色。
	（3）padding: 20px 设置内边距为 20 像素。
	（4）text-align: center 设置文本水平居中

``
.header h1{
    font-size:36px;
    font-weight:bold;
    margin:0;
}
``
	定义 class 名为 header 的标签内的 \<h1\> 标签的样式：
	（1）font-size: 36px 设置字号为 36 像素。
	（2）font-weight: bold 设置字体为粗体。
	（3）margin: 0 设置外边距为 0 像素。

（3）添加 .container{}、.sidebar{} 等样式，如图 2-32 所示。

```
.container {
    max-width: 1200px;
    margin: 0 auto;
    padding: 20px;
    display: flex;
    flex-wrap: wrap;
    align-items: flex-start;
}
.sidebar {
    flex-basis: 25%;
    background-color: #fff;
    box-shadow: 2px 2px 10px #ccc;
    padding: 20px;
    box-sizing: border-box;
    height: 100%;
    position: fixed;
    top: 100px;
    left: 0;
}
```

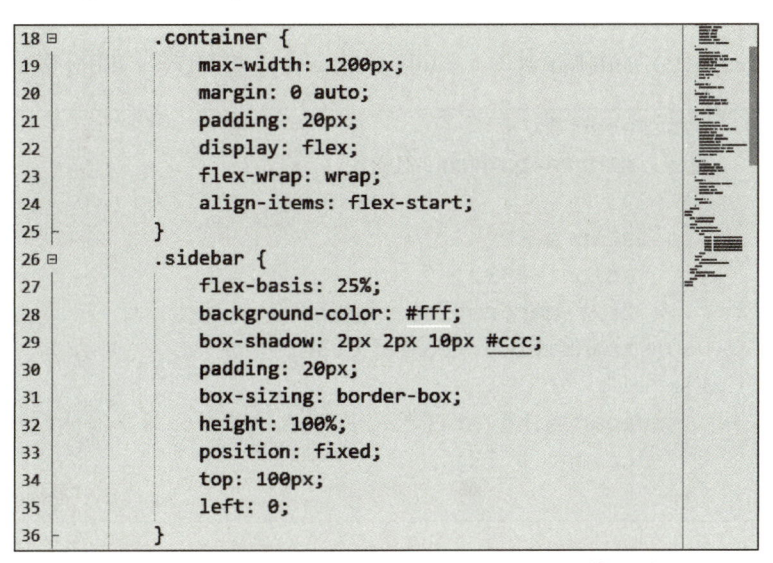

图 2-32 添加 .container{}、.sidebar{} 等样式

.container 等代码的功能解读见表 2-29。

表 2-29 .container 等代码的功能解读

代码	功能解读

``
.container{
    max-width:1200px;
    margin:0 auto;
    padding:20px;
    display:flex;
    flex-wrap:wrap;
    align-items:flex-start;
}
``
	定义 class 名为 container 的标签的样式：
	（1）max-width: 1200px 设置最大宽度为 1 200 像素。
	（2）margin: 0 auto 设置上下外边距为 0 像素，左右自动分布，实现居中效果。
	（3）padding: 20px 设置内边距为 20 像素。
	（4）display: flex 设置为 CSS 弹性盒子模型。
	（5）flex-wrap: wrap 设置允许元素换行。
	（6）align-items: flex-start 设置元素相对于父容器顶部对齐

代码	功能解读
| ```css
.sidebar{
    flex-basis:25%;
    background-color:#fff;
    box-shadow:2px 2px 10px #ccc;
    padding:20px;
    box-sizing:border-box;
    height:100%;
    position:fixed;
    top:100px;
    left:0;
}
``` | 定义 class 名为 sidebar 的标签的样式：<br>（1）flex-basis: 25% 设置元素宽度为父容器的 25%。<br>（2）background-color: #fff 设置背景色为白色 #fff。<br>（3）box-shadow: 2px 2px 10px #ccc 设置水平方向上的阴影偏移距离为 2 像素，垂直方向上的阴影偏移距离为 2 像素，模糊半径为 10 像素，阴影的颜色为灰色。<br>（4）padding: 20px 设置内边距为 20 像素。<br>（5）box-sizing: border-box 的作用是使内部元素的内边距或边框大小不会影响容器的大小。<br>（6）height: 100% 设置元素高度为父容器高度的 100%。<br>（7）position: fixed 设置固定定位方式。<br>（8）top: 100px 设置上边距为 100 像素。<br>（9）left: 0 设置左边距为 0 像素 |

（4）添加 .sidebar li{}、.sidebar a{}、.sidebar a:hover{} 等样式，如图 2-33 所示。

```css
.sidebar li {
    margin-bottom: 10px;
}
.sidebar a {
    color: #333;
    text-decoration: none;
    transition: color 0.3s;
}
.sidebar a:hover {
    color: #f00;
}
```

图 2-33　添加 .sidebar li{}、.sidebar a{}、.sidebar a:hover{} 等样式

.sidebar li 等代码的功能解读见表 2-30。

表 2-30　.sidebar li 等代码的功能解读

代码	功能解读
| ```css
.sidebar li{
    margin-bottom:10px;
}
``` | 定义 class 名为 sidebar 的标签内的 <li> 标签的样式：<br>margin-bottom: 10px 设置下外边距为 10 像素 |
| ```css
.sidebar a{
    color:#333;
    text-decoration:none;
    transition:color 0.3s;
}
``` | 定义 class 名为 sidebar 的标签内的 <a> 标签的样式：<br>（1）color: #333 设置前景色为 #333<br>（2）text-decoration: none 设置下划线为无<br>（3）transition: color 0.3s 的作用是当元素的颜色发生改变时，在 0.3s 的时间内，渐变地过渡到新的颜色 |
```

续表

代码	功能解读

.sidebar a:hover{
　　color:#f00;
}
	定义 class 名为 sidebar 的标签内的 \<a\> 标签在鼠标悬停时的样式：
	color: #f00 设置背景色为红色

（5）添加 .main{}、.main p{} 等样式，如图 2-34 所示。

```
.main {
    flex-basis: 75%;
    background-color: #fff;
    box-shadow: 2px 2px 10px #ccc;
    padding: 60px;
    padding-top: 120px;
    box-sizing: border-box;
    margin-left: 20%;
    background-image: url(img/company.png);
    background-size: 100% 100%;
    background-position: center;
    height: 450px;
}
.main p {
    font-size: 16px;
    line-height: 1.5em;
    margin-bottom: 20px;
    color: #555;
}
```

图 2-34　添加 .main{}、.main p{} 等样式

知识链接

　　background-image 是一个 CSS 属性，用于为元素设置背景图像。可以使用该属性来指定任何图像文件（包括 PNG、JPEG 和 GIF 等）作为元素的背景。

　　background-image 的 CSS 语法如下。

　　例如，以下代码将一个名为"bg.jpg"的图像作为一个 HTML 元素的背景：

```
.element{
    background-image:url("bg.jpg");
}
```

　　在上面的例子中，background-image 属性指定了用作该元素背景的图像的路径，这个图像将会平铺在该元素上。如果需要控制图像的大小或者样式，可以使用其他的背景相关属性，例如 background-repeat、background-size、background-position 等。

.main 等代码的功能解读见表 2-31。

表 2-31 .main 等代码的功能解读

代码	功能解读
| ```
.main{
    flex-basis:75%;
    background-color:#fff;
    box-shadow:2px 2px 10px #ccc;
    padding:60px;
    padding-top:120px;
    box-sizing:border-box;
    margin-left:20%;
    background-image:url(img/company.png);
    background-size:100% 100%;
    background-position:center;
    height:450px;
}
``` | 定义 class 名为 main 的标签的样式：<br>（1）flex-basis: 75% 设置元素宽度为父容器的 75%。<br>（2）background-color: #fff 设置背景色为白色 #fff。<br>（3）box-shadow: 2px 2px 10px #ccc 设置水平方向上的阴影偏移距离为 2 像素，垂直方向上的阴影偏移距离为 2 像素，模糊半径为 10 像素，阴影的颜色为灰色。<br>（4）padding: 60px 设置内边距为 60 像素。<br>（5）box-sizing: border-box 的作用是使内部元素的内边距或边框大小不会影响容器的大小。<br>（6）margin-left: 20% 设置左外边距为 20%。<br>（7）background-image: url(img/company.png) 设置背景图为 company.png。<br>（8）background-size: 100% 100% 设置背景图像被缩放到它的容器的大小，并且完全覆盖容器。<br>（9）background-position: center 设置背景图居中于父容器。<br>（10）height: 450px 设置高度为 450 像素 |
| ```
.main p{
    font-size:16px;
    line-height:1.5em;
    margin-bottom:20px;
    color:#555;
}
``` | 定义 class 名为 main 的标签内的 \<p\> 标签的样式：<br>（1）font-size: 16px 设置字号为 16 像素。<br>（2）line-height: 1.5em 设置文本行高为字号的 1.5 倍。<br>（3）margin-bottom: 20px 设置下外边距为 20 像素。<br>（4）color: #555 设置前景色为 #555 |

（6）添加 .footer{} 等样式，如图 2-35 所示。

```
67    .footer {
68        background-color: #aaaaff;
69        color: #fff;
70        padding: 20px;
71        text-align: center;
72    }
73    </style>
74 </head>
```

图 2-35 添加 .footer{} 等样式

.footer 等代码的功能解读见表 2-32。

表 2-32　.footer 等代码的功能解读

代码	功能解读
| ```
.footer{
    background-color:#aaaaff;
    color:#fff;
    padding:20px;
    text-align:center;
}
``` | 定义 class 名为 feature 的标签的样式：<br>（1）background-color: #aaaaff 设置背景色为 #aaaaff。<br>（2）color: #fff 设置前景色为白色。<br>（3）padding: 20px 设置内边距为 20 像素。<br>（4）text-align: center 设置文本水平居中 |

任务六　上中下页面布局应用

上中下页面布局应用

知识准备

1. text-decoration 属性

text-decoration 是一个 CSS 属性，用于在文本上添加装饰效果，如下划线、删除线等。text-decoration 属性可以应用于文本内容的任何元素，如 p、span、a 等。

常见的 text-decoration 属性取值见表 2-33。

表 2-33　常见的 text-decoration 属性取值

属性取值	功能
none	默认值，表示没有任何装饰效果。文本不会有下划线、删除线或其他装饰
underline	为文本添加下划线
overline	为文本添加顶部线条
line-through	为文本添加删除线
underline overline	同时添加下划线和顶部线条

text-decoration 除能在样式上添加装饰效果外，还可以使用其他属性值来修改装饰效果，例如 text-decoration-color 用于指定装饰线的颜色，text-decoration-style 用于指定装饰线的样式（如实线、虚线等），以及 text-decoration-thickness 用于指定装饰线的粗细。这些属性可
```

以额外用于细化文本装饰效果的外观。

2. background 属性

background 是一个 CSS 属性，用于设置元素的背景样式。

background 常用的子属性见表 2-34。

表 2-34 background 常用的子属性

属性	功能
background-color	设置元素的背景颜色。可以指定颜色的名称、十六进制值或 RGB 值
background-image	设置元素的背景图片。可以指定图片的 URL 或使用 url() 函数引用
background-position	设置背景图片在元素中的位置。可以使用关键词（如 top、bottom、left、right、center）或百分比/像素值来控制位置
background-repeat	设置背景图片的重复方式。常见的取值有 repeat（默认，水平和垂直方向都重复）、repeat-x（水平方向重复）、repeat-y（垂直方向重复）和 no-repeat（不重复）
background-size	设置背景图片的尺寸。可以使用关键词（如 auto、cover、contain）或像素/百分比值

除了上述子属性外，还有其他可选的子属性，如 background-origin（指定背景图片的起始位置）、background-clip（指定背景绘制的区域）、background-attachment（指定背景图片的滚动行为）等。

任务描述

（1）使用上中下布局页面。

（2）上部为导航栏，设置下划线，文本左右布局，左边显示"网页"标题，右边导航项包括"首页""景点""关于我们""联系我们"等，指向目标设置空值。

（3）中部广告主图为背景，设有标题和简介文本段，文字为白色。

（4）底部是图文项目区，设有边框线、分隔间隙、阴影效果、3 个图文项目（每个项目显示图片、标题和"立即预订"按钮）。

（5）"立即预订"按钮设有圆角效果，文本水平居中且垂直居中，文字为白色，背景色适当。

（6）网页运行效果如图 2-36 所示。

项目二　页面布局

图 2-36　网页运行效果

实现步骤

（1）启动 HBuilderX 软件，创建一个"普通项目"的"基本 HTML 项目"模板，编辑 index.html 文件，添加 <div class="header">、"<h1> 首页 </h1>"等标签，如图 2-37 所示。

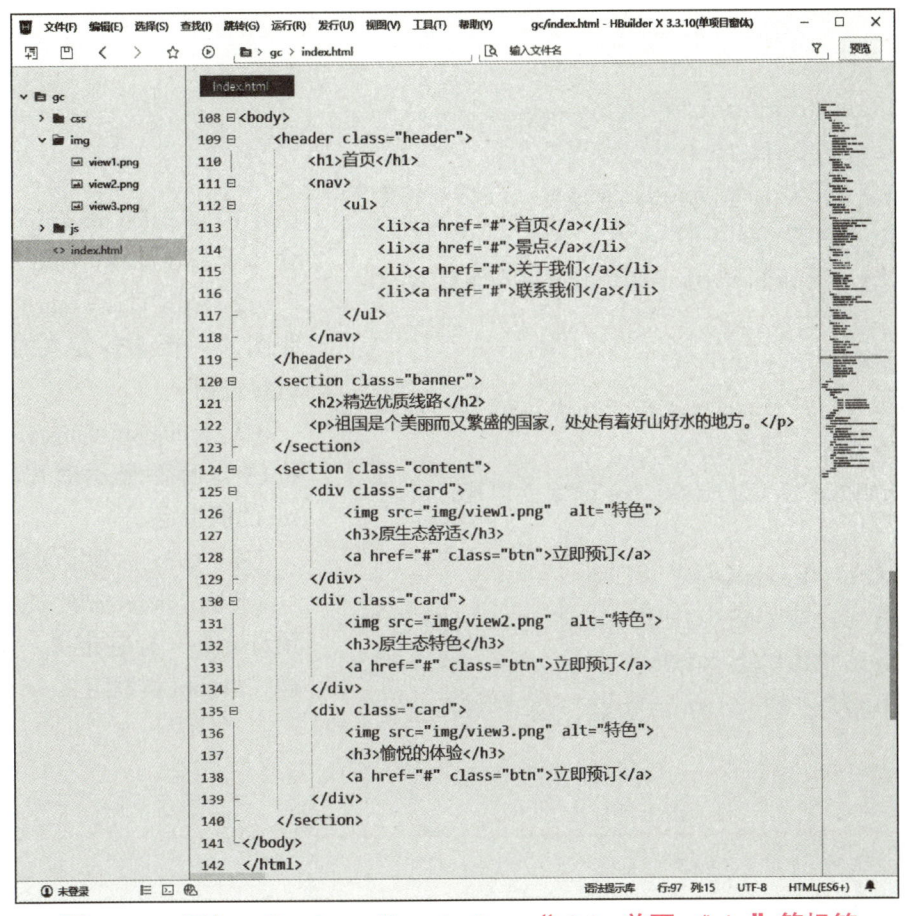

图 2-37　添加 <div class="header">、"<h1> 首页 </h1>"等标签

<header class="header"> 等代码的功能解读见表 2-35。

表 2-35 <header class="header"> 等代码的功能解读

代码	功能解读

``html
<header class="header">
    <h1> 首页 </h1>
    <nav>
        <ul>
            <li><a href="#"> 首页 </a></li>
            <li><a href="#"> 景点 </a></li>
            <li><a href="#"> 关于我们 </a></li>
            <li><a href="#"> 联系我们 </a></li>
        </ul>
    </nav>
</header>
``
	（1）<header class="header"> 标签包括一个 <h1> 标签。
	（2）"<h1> 首页 </h1>" 标签显示标题 "首页"。
	（3）<nav> 标签包括一个 <ul> 标签。
	（4）<ul> 标签包括 4 个 <li> 标签，实现 4 个菜单项。
	（5）<li> 标签内均含一个 <a> 标签。
	（6）<a href="#"> 标签可实现链接到其他页面的功能

``html
<section class="banner">
    <h2> 精选优质线路 </h2>
    <p> 祖国是个美丽而又繁盛的国家，处处有着好山好水的地方。</p>
</section>
``
	（1）<section class="banner"> 标签包括一个 <h2> 标签和一个 <p> 标签。
	（2）"<h2> 精选优质线路 </h2>" 标签显示标题 "精选优质线路"。
	（3）<p> 标签实现文字段落的显示

``html
<section class="content">
    <div class="card">
        <img src="img/view1.png" alt=" 特色 ">
        <h3> 原生态舒适 </h3>
        <a href="#" class="btn"> 立即预订 </a>
    </div>
    <div class="card">
        <img src="img/view2.png" alt=" 特色 ">
        <h3> 原生态特色 </h3>
        <a href="#" class="btn"> 立即预订 </a>
    </div>
    <div class="card">
        <img src="img/view3.png" alt=" 特色 ">
        <h3> 愉悦的体验 </h3>
        <a href="#" class="btn"> 立即预订 </a>
    </div>
</section>
``
	（1）<section class="content"> 标签包含 3 个 <div class="card"> 标签。
	（2）<div class="card"> 标签包含一张图、一个 <h3> 定义的标题和一个超链接按钮。
	（3）<img src="img/view1.png" alt=" 特色 "> 标签显示图片，图片来源由 src 的值指定。
	（4）<h3> 标签定义标题。
	（5）"<a href="#" class="btn"> 立即预订 </a>" 标签定义一个按钮，按钮样式由 .btn 属性定义

（2）添加 body{}、.header{} 等样式，如图 2-38 所示。

```
1  <!DOCTYPE html>
2  <html>
3  <head>
4      <meta charset="UTF-8">
5      <title>美丽山河</title>
6      <style>
7          body {
8              margin: 0;
9              padding: 0;
10             font-size: 14px;
11             color: #333;
12         }
13         .header {
14             background-color: #fff;
15             height: 80px;
16             border-bottom: 1px solid #ddd;
17             display: flex;
18             align-items: center;
19             justify-content: space-between;
20             padding: 0 20px;
21         }
```

图 2-38　添加 body{}、.header{} 等样式

body 等代码的功能解读见表 2-36。

表 2-36　body 等代码的功能解读

代码	功能解读

body{
　　margin:0;
　　padding:0;
　　font-size:14px;
　　color:#333;
}
	定义 \<body\> 标签的样式：
	（1）margin: 0 设置外边距为 0 像素。
	（2）padding: 0 设置内边距为 0 像素。
	（3）font-size: 14px 设置字号为 14 像素。
	（4）color: #333 设置前景色为 #333

.header{
　　background-color:#fff;
　　height:80px;
　　border-bottom:1px solid #ddd;
　　display:flex;
　　align-items:center;
　　justify-content:space-between;
　　padding:0 20px;
}
	定义 class 名为 header 的标签的样式：
	（1）background-color: #fff 设置背景色为白色 #fff。
	（2）height: 80px 设置高度为 80 像素。
	（3）border-bottom: 1px solid #ddd 设置边框线大小为 1 像素，线型为实线，线条颜色为 #ddd。
	（4）display: flex 设置为 CSS 弹性盒子模型。
	（5）align-items: center 设置文本对齐方式为水平居中。
	（6）justify-content: space-between 设置元素之间的空间置于元素之间。
	（7）padding: 0 20px 设置上下内边距为 0 像素，左右内边距为 20 像素

（3）添加 .header h1{}、.header nav{} 等样式，如图 2-39 所示。

```
22    .header h1 {
23        margin: 0;
24        font-size: 24px;
25        font-weight: bold;
26        color: #333;
27    }
28    .header nav {
29        display: flex;
30        align-items: center;
31    }
```

图 2-39　添加 .header h1{}、.header nav{} 等样式

.header h1 等代码的功能解读见表 2-37。

表 2-37　.header h1 等代码的功能解读

代码	功能解读

.header h1{
　　margin:0;
　　font-size:24px;
　　font-weight:bold;
　　color:#333;
}
	定义 class 名为 header 的标签内的 <h1> 标签的样式：
	（1）margin: 0 设置外边距为 0 像素。
	（2）font-size: 24px 设置字号为 24 像素。
	（3）font-weight: bold 设置字体为粗体。
	（4）color: #333 设置前景色为 #333

.header nav{
　　display:flex;
　　align-items:center;
}
	定义 class 名为 header 的标签内的 <nav> 标签的样式：
	（1）display: flex 设置为 CSS 弹性盒子模型。
	（2）align-items: center 设置文本对齐方式为水平居中

（4）添加 .header nav ul{}、.header nav li{}、.header nav a{} 等样式，如图 2-40 所示。

```
32    .header nav ul {
33        display: flex;
34        align-items: center;
35    }
36    .header nav li {
37        margin: 0 10px;
38    }
39    .header nav a {
40        color: #333;
41        text-decoration: none;
42        font-size: 18px;
43    }
```

图 2-40　添加 .header nav ul{}、.header nav li{}、.header nav a{} 等样式

.header nav ul 等代码的功能解读见表 2-38。

表 2-38　.header nav ul 等代码的功能解读

代码	功能解读

.header nav ul{
　　display:flex;
　　align-items:center;
}
	定义 class 名为 header 的标签内的 <nav> 标签内的 <ul> 标签的样式：
	（1）display: flex 设置为 CSS 弹性盒子模型。
	（2）align-items: center 设置文本对齐方式为水平居中

项目二 页面布局 99

续表

代码	功能解读

.header nav li{
    margin:0 10px;
}
	定义 class 名为 header 的标签内的 \<nav\> 标签内的 \<li\> 标签的样式：
	margin: 0 10px 设置上下外距为 0 像素，左右外边距为 10 像素

.header nav a{
    color:#333;
    text-decoration:none;
    font-size:18px;
}
	定义 class 名为 header 的标签内的 \<nav\> 标签内的 \<a\> 标签的样式：
	（1）color: #333 设置前景色为 #333。
	（2）text-decoration: none 设置下划线为无。
	（3）font-size: 18px 设置字体大小为 18 像素

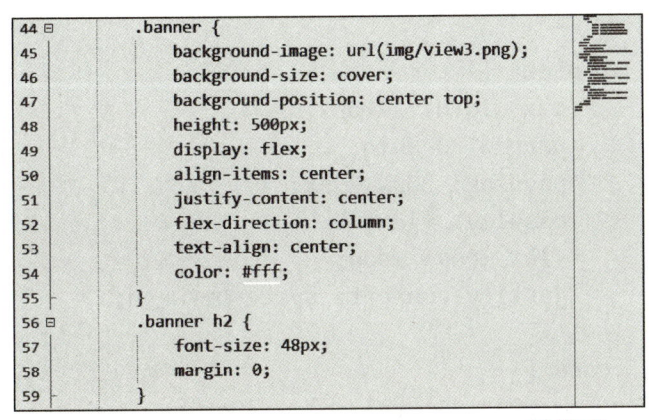

（5）添加 .banner{}、.banner h2{} 等样式，如图 2-41 所示。

```
44  .banner {
45      background-image: url(img/view3.png);
46      background-size: cover;
47      background-position: center top;
48      height: 500px;
49      display: flex;
50      align-items: center;
51      justify-content: center;
52      flex-direction: column;
53      text-align: center;
54      color: #fff;
55  }
56  .banner h2 {
57      font-size: 48px;
58      margin: 0;
59  }
```

图 2-41 添加 .banner{}、.banner h2{} 等样式

.banner 等代码的功能解读见表 2-39。

表 2-39 .banner 等代码的功能解读

代码	功能解读

.banner{
    background-image:url(img/view3.png);
    background-size:cover;
    background-position:center top;
    height:500px;
    display:flex;
    align-items:center;
    justify-content:center;
    flex-direction:column;
    text-align:center;
    color:#fff;
}
	定义 class 名为 banner 的标签的样式：
	（1）background-image: url(img/view3.png) 设置背景图为 view3.png。
	（2）background-size: cover 设置让背景图片完全覆盖其所在的区域。
	（3）background-position: center top 设置将背景图片在垂直方向上置于容器的顶部，而水平方向上则使其居中显示。
	（4）height: 500px 设置元素高度为 500 像素。
	（5）display: flex 设置为 CSS 弹性盒子模型。
	（6）align-items: center 设置文本对齐方式为水平居中。
	（7）justify-content: center 设置元素在其容器中水平居中对齐。
	（8）flex-direction: column 设置容器内所有子元素方向从上到下进行排列。
	（9）text-align: center 设置文本水平居中。
	（10）color: #fff 设置前景色为白色

代码	功能解读

.banner h2{
    font-size:48px;
    margin:0;
}
	定义 class 名为 banner 的标签内的 \<h2> 标签的样式：
	（1）font-size: 48px 设置字号为 40 像素。
	（2）margin: 0 设置外边距为 0 像素

（6）添加 .banner p{}、.content{}、.card{} 等样式，如图 2-42 所示。

```
60  .banner p {
61      font-size: 24px;
62      margin: 20px 0 0 0;
63      line-height: 1.5;
64  }
65  .content {
66      max-width: 1200px;
67      margin: 0 auto;
68      padding: 20px 20px;
69      display: flex;
70      flex-wrap: wrap;
71      justify-content: space-between;
72  }
73  .card {
74      width: calc(33.33% - 20px);
75      background-color: #fff;
76      box-shadow: 0 0 10px rgba(0,0,0,0.2);
77      border-radius: 5px;
78  }
```

图 2-42　添加 .banner p{}、.content{}、.card{} 等样式

.banner p 等代码的功能解读见表 2-40。

表 2-40　.banner p 等代码的功能解读

代码	功能解读

.banner p{
    font-size:24px;
    margin:20px 0 0 0;
    line-height:1.5;
}
	定义 class 名为 banner 的标签内的 \<p> 标签的样式：
	（1）font-size: 24px 设置字号为 24 像素。
	（2）margin: 20px 0 0 0 设置上外边距为 20 像素，右外边距为 0 像素，下外边距为 0 像素，左外边距为 0 像素。
	（3）line-height: 1.5 设置文本行高为 1.5 倍

续表

代码	功能解读
| ```
.content{
    max-width:1200px;
    margin:0 auto;
    padding:20px 20px;
    display:flex;
    flex-wrap:wrap;
    justify-content:space-between;
}
``` | 定义 class 名为 content 的标签的样式：<br>（1）max-width: 1200px 设置最大宽度为 1 200 像素。<br>（2）margin: 0 auto 设置上下外边距为 0 像素，左右自动分布，实现居中效果。<br>（3）padding: 20px 20px 设置上下内边距为 20 像素，左右内边距为 20 像素。<br>（4）display: flex 设置为 CSS 弹性盒子模型。<br>（5）flex-wrap: wrap 设置允许元素换行。<br>（6）justify-content: space-between 设置元素之间的空间置于元素之间 |
| ```
.card{
    width:calc(33.33% - 20px);
    background-color:#fff;
    box-shadow:0 0 10px rgba(0,0,0,0.2);
    border-radius:5px;
}
``` | 定义 class 名为 card 的标签的样式：<br>（1）width: calc(33.33% - 20px) 设置元素宽度为父容器宽度的 33.33%-20 像素。<br>（2）background-color: #fff 设置背景色为白色 #fff。<br>（3）box-shadow: 0 0 10px rgba(0,0,0,0.2) 设置阴影水平偏移 0 像素，上下偏移 0 像素，大小为 10 像素，颜色为黑色，不透明度为 0.2。<br>（4）border-radius: 5px 设置圆角半径为 5 像素，实现圆角效果 |

知识链接

flex-wrap: wrap 是 CSS 中用于设置弹性容器如何换行的属性。当需要在弹性容器中放置内容时，如果所有项目都无法在一行上放置，可以使用 flex-wrap: wrap 让这些项目自动换行。

例如：

```
.flex-container{
    display:flex;
    flex-wrap:wrap;
}
```

在上面的代码中，将 flex-wrap 设置为 wrap，表示当所有的项目若无法在同一行上放置，则它们将自动换行并呈现成多行。

另外还有两个可选属性值，分别是 nowrap 和 wrap-reverse。

nowrap：默认值，表示禁止换行，此时弹性容器会尽可能地将所有项目压缩进同一行。

wrap-reverse：与 wrap 类似，只是行的排列顺序相反。

需要注意的是，flex-wrap 只对弹性容器有效，不能够单独作用于弹性项目。

（7）添加 .card img{}、.card h3{}、.card p{} 等样式，如图 2-43 所示。

```
79    .card img {
80        width: 100%;
81        height: 200px;
82        object-fit: cover;
83    }
84    .card h3 {
85        font-size: 24px;
86        margin: 20px;
87        color: #333;
88        text-align: center;
89    }
90    .card p {
91        font-size: 16px;
92        margin: 0 20px 20px 20px;
93        line-height: 1.5;
94        color: #666;
95        text-align: justify;
96    }
```

图 2-43　添加 .card img{}、.card h3{}、.card p{} 等样式

.card img 等代码的功能解读见表 2-41。

表 2-41　.card img 等代码的功能解读

代码	功能解读

.card img{
　　width:100%;
　　height:200px;
　　object-fit:cover;
}
	定义 class 名为 card 的标签内的 \<img\> 标签的样式：
	（1）width: 100% 设置宽度为父容器宽度的 100%。
	（2）height: 200px 设置行高为 200 像素。
	（3）object-fit: cover 设置图片等比例缩放至容器内部，以适应容器的大小

.card h3{
　　font-size:24px;
　　margin:20px;
　　color:#333;
　　text-align:center;
}
	定义 class 名为 card 的标签内的 \<h3\> 标签的样式：
	（1）font-size: 24px 设置字号为 24 像素。
	（2）margin: 20px 设置外边距为 20 像素。
	（3）color: #333 设置前景色为 #333。
	（4）text-align: center 设置文本居中对齐

.card p{
　　font-size:16px;
　　margin:0 20px 20px 20px;
　　line-height:1.5;
　　color:#666;
　　text-align:justify;
}
	定义 class 名为 card 的标签内的 \<p\> 标签的样式：
	（1）font-size: 16px 设置字号为 16 像素。
	（2）margin: 0 20px 20px 20px 设置上外边距为 0 像素，右外边距为 20 像素，下外边距为 20 像素，左外边距为 20 像素。
	（3）line-height: 1.5 设置文本行高为 1.5 倍。
	（4）color: #666 设置前景颜色为 #666。
	（5）text-align: justify 设置文本两端对齐

项目二　页面布局

（8）添加 .btn{} 样式，如图 2-44 所示。

```
 97   .btn {
 98       display: inline-block;
 99       background-color: #f60;
100       color: #fff;
101       padding: 10px 20px;
102       border-radius: 5px;
103       text-decoration: none;
104       margin: 20px;
105   }
106   </style>
107   </head>
```

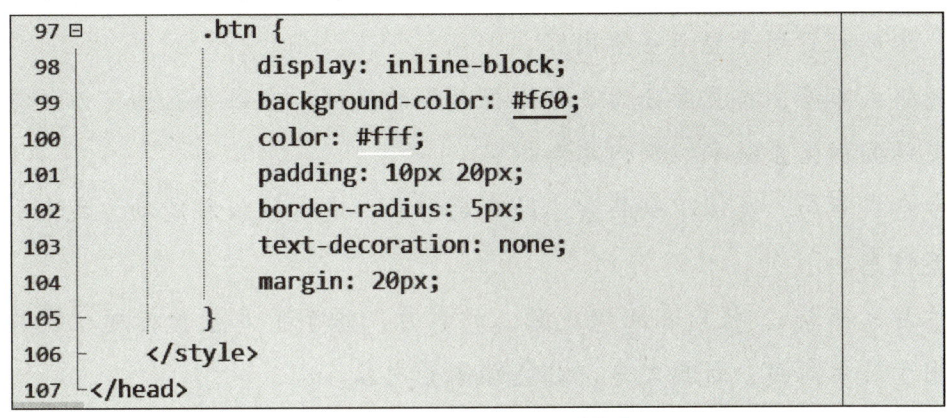

图 2-44　添加 .btn{} 样式

.btn 等代码的功能解读见表 2-42。

表 2-42　.btn 等代码的功能解读

代码	功能解读

.btn{
　　display:inline-block;
　　background-color:#f60;
　　color:#fff;
　　padding:10px 20px;
　　border-radius:5px;
　　text-decoration:none;
　　margin:20px;
}
	定义 class 名为 btn 的标签的样式：
	（1）display: inline-block 实现同行显示效果。
	（2）background-color: #f60 设置背景色为 #f60。
	（3）color: #fff 设置前景色为白色。
	（4）padding: 10px 20px 设置上下内边距为 10 像素，左右内边距为 20 像素。
	（5）border-radius: 5px 设置圆角半径为 5 像素，实现圆角效果。
	（6）text-decoration: none 设置下划线为无。
	（7）margin: 20px 设置外边距为 20 像素

项目总结

　　本项目讲解的任务只是网页设计中的部分页面布局应用案例，包括宽度 width、内边距 padding、外边距 margin、背景色 background-color、背景图显示方式 display、阴影效果 box-shadow、边角半径 border-radius、盒模型解析模式 box-sizing 等样式属性的应用技能。

　　为了系统地学习页面布局，还需要了解更多布局的常见模型，如下所示。

　　（1）一栏式布局，将所有内容排成一列，适用于移动设备和小型屏幕的网站或应用程序。

　　（2）两栏式布局，将页面分为左、右两个栏目，通常左侧栏目用于导航、菜单、目录等，右侧栏目用于显示主要内容。

（3）三栏式布局，将页面分成三个栏目，通常左、右两侧栏目用于导航、广告、相关信息等，中间栏目用于显示主要内容。

（4）栅格式布局，将页面分为多个同样大小的区域，在每个区域可以放置不同的内容，使用灵活的栅格系统来控制内容和排版。

（5）杂志式布局，类似印刷品杂志的布局形式，通过排版和流动方式来引导用户在页面上浏览信息。

（6）卡片式布局，将内容组织成独立的卡片，每个卡片包含标题、图片、文本等信息，适用于展示商品、新闻文章、社交媒体等内容。

只有了解的页面布局知识多，在设计网页时才可以做针对项目开发的需求选择合适的页面布局方案，也可以自己创设一些具有个性和创意的作品。

项目评价

序号	任务	自评	教师评价
1	任务一：上下布局	了解□ 熟练□ 精通□	了解□ 熟练□ 精通□
2	任务二：三列布局	了解□ 熟练□ 精通□	了解□ 熟练□ 精通□
3	任务三：两列布局	了解□ 熟练□ 精通□	了解□ 熟练□ 精通□
4	任务四：左侧定位布局	了解□ 熟练□ 精通□	了解□ 熟练□ 精通□
5	任务五：固定定位应用于页面布局	了解□ 熟练□ 精通□	了解□ 熟练□ 精通□
6	任务六：上中下页面布局应用	了解□ 熟练□ 精通□	了解□ 熟练□ 精通□

拓展练习

一、选择题

1.在设置元素的宽度时，应使用哪个CSS属性？（　　）

A. width　　　　　B. padding　　　　　C. margin　　　　　D. background-color

2.内边距用于定义元素内容和边框之间的距离，应该使用（　　）CSS属性来设置内边距。

A. width　　　　　B. padding　　　　　C. margin　　　　　D. background-color

3. 外边距用于定义元素与其他元素之间的距离，应该使用（　　）CSS 属性来设置外边距。

A. width　　　　　B. padding　　　　C. margin　　　　D. background-color

4. 背景色属性用于设置元素的背景色，应该使用（　　）CSS 属性来设置背景色。

A. width　　　　　B. padding　　　　C. margin　　　　D. background-color

5. 用于定义背景图像的 CSS 属性是（　　）。

A. border-radius　B. box-shadow　　C. display　　　　D. background-image

6. 用于控制背景图像如何显示的 CSS 属性是（　　）。

A. border-radius　B. box-shadow　　C. display　　　　D. background-position

7. 用于创建元素阴影效果的 CSS 属性是（　　）。

A. border-radius　B. box-shadow　　C. display　　　　D. background-color

8. 用于设置边角的圆角半径的 CSS 属性是（　　）。

A. width　　　　　B. padding　　　　C. margin　　　　D. border-radius

9. 盒模型解析模式（Box Model）描述了元素宽度和高度的计算方式，应该使用（　　）CSS 属性来控制盒模型解析模式。

A. width　　　　　B. padding　　　　C. margin　　　　D. box-sizing

10. border-box 和 content-box 是（　　）CSS 属性的可能取值。

A. width　　　　　B. padding　　　　C. margin　　　　D. box-sizing

二、操作题

1. 设计一个上下布局的页面。

任务描述如下。

（1）设计一个上下布局的页面。

（2）为头部栏设置适当的背景色和内边距，"这是头部"标题水平居中，使用适当的大字号，文字颜色为白色。

（3）为"这是内容区域"文本设置白色的背景色和内边距，输入标题内容和段落内容，水平居中，标题的字号较大，段落内容字号较小，文字颜色为黑色。

（4）为"这是底部"文本设置适当的背景色和内边距，"这是底部"标题水平居中，使用适当的小字号，文字颜色为白色。

（5）网页运行效果如图 2-45 所示。

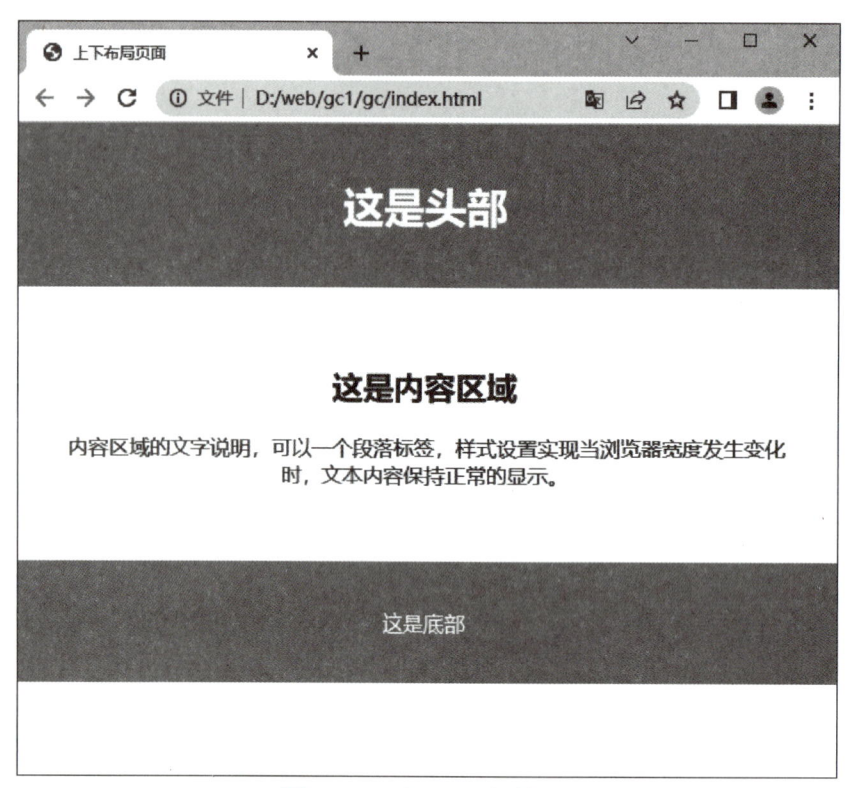

图 2-45　网页运行效果

2. 设计一个左中右布局的页面。

任务描述如下。

（1）设计一个左中右布局的页面。

（2）左侧栏设置与右侧栏相同的样式，使用适当的背景色和内边距，输入标题内容和段落内容，标题的字号较大，段落内容字号较小，文字颜色为白色。

（3）中间区域设置适当的背景色和内边距，输入标题内容和段落内容，标题的字号较大，段落内容字号较小，文字颜色为黑色。

（4）网页运行效果如图 2-46 所示。

图 2-46　网页运行效果

项目二　页面布局　107

三、编程题

观察页面运行的效果和页面功能说明，在代码空白处填上适当的代码，确保页面运行后达到预期的效果。

1. 现有"建设战略性新兴产业"页面，运行效果如图 2-47 所示。

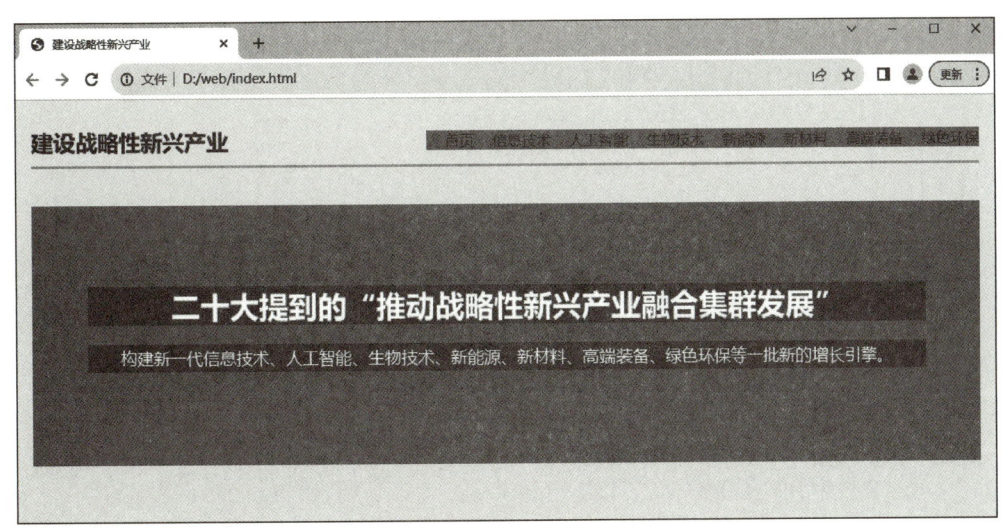

图 2-47　"建设战略性新兴产业"页面运行效果

页面功能说明如下。

（1）指定文档类型为 HTML5。

（2）指定文档使用的字符编码格式为 UTF-8，以支持显示中文字符。

（3）设置整个页面的背景色为 #f5f5f5，并移除 body 元素的边距和内边距。

（4）定义一个类名为 container 的样式，设置最大宽度为 1 200 像素，左右居中对齐。

（5）定义一个类名为 header 的样式，将其内部元素以 flex 布局进行排列，垂直居中对齐，左右两端对齐，上下内边距为 10 像素，底部添加一个灰色粗边框。

（6）定义一个类名为 logo 的样式，设置字体加粗，字号为 24 像素，颜色为 #333。

（7）定义一个类名为 nav 的样式，将其内部元素以 flex 布局进行排列，垂直居中对齐，向末尾对齐，移除列表样式、边距和内边距，背景色为 #AAAAFF。

（8）定义一个类名为 nav 的样式，设置每个 li 元素的左边距为 20 像素。

（9）定义一个类名为 nav 的样式，设置链接文字颜色为 #333，并移除下划线。

（10）定义一个类名为 nav 的样式，设置超链接在鼠标悬停时的文字颜色为 #f00，并加粗字体。

（11）定义一个类名为 cta 的样式，将其中的文本内容居中对齐，设置背景色为 #aaaaff，文字颜色为白色，上下内边距为 60 像素，上外边距为 40 像素。

（12）定义一个类名为 cta 的样式，设置 h2 标题的字号为 32 像素，字体加粗，下外边距为 20 像素，背景色为 #338ffa。

（13）定义一个类名为 cta 的样式，设置 p 元素的字号为 18 像素，行高为 30 像素，下外边距为 40 像素，背景色为 #338ffa。

（15）使用类名为 nav 的样式包裹一个无序列表。

页面代码如下。

```
< 【1】 >
<html>
<head>
    <meta charset=" 【2】 ">
    <title>建设战略性新兴产业</title>
    <style>
     【3】 {
        margin:0;
        padding:0;
         【4】 :#f5f5f5;
    }
    .container{
         【5】 :1200px;
        margin:0 auto;
        padding:20px;
    }
    .header{
        display: 【6】 ;
        align-items: 【7】 ;
        justify-content: 【8】 ;
         【9】 :10px 0;
         【10】 :3px solid #ccc;
    }
    .logo{
         【11】 :bold;
        font-size:24px;
        color:#333;
    }
    .nav{
        display:flex;
        align-items: 【12】 ;
        justify-content:flex-end;
         【13】 :none;
        padding:0;
        margin:0;
        background-color:#AAAAFF;
    }
    .nav li{
        margin-left:20px;
    }
    .nav a{
        color:#333;
         【14】 :none;
    }
    .nav 【15】 {
```

```
            color:#f00;
            font-weight:bolder;
        }
        .cta{
            text-align:center;
            background-color:#aaaaff;
            color:#fff;
            padding:60px;
            ___【16】___:40px;
        }
        .cta h2{
            font-size:32px;
            font-weight:___【17】___;
            margin-bottom:20px;
            background-color:#338ffa;
        }
        .cta p{
            font-size:18px;
            ___【18】___:30px;
            margin-bottom:40px;
            background-color:#338ffa;
        }
    </style>
</head>
<body>
    <div class="container">
        <div class="header">
            <div class="logo">建设战略性新兴产业</div>
            <___【19】___ class="nav">
                <li><a href="#">首页</a></li>
                <li><a href="#">信息技术</a></li>
                <li><a href="#">人工智能</a></li>
                <li><a href="#">生物技术</a></li>
                <li><a href="#">新能源</a></li>
                <li><a href="#">新材料</a></li>
                <li><a href="#">高端装备</a></li>
                <li><a href="#">绿色环保</a></li>
            </ul>
        </div>
        <___【20】___ class="cta">
            <h2>二十大提到的"推动战略性新兴产业融合集群发展"</h2>
            <p>构建新一代信息技术、人工智能、生物技术、新能源、新材料、高端装备、绿色环保等一批新的增长引擎。</p>
        </div>
    </div>
</body>
</html>
```

2. 现有"发展海洋经济"页面，运行效果如图 2-48 所示。

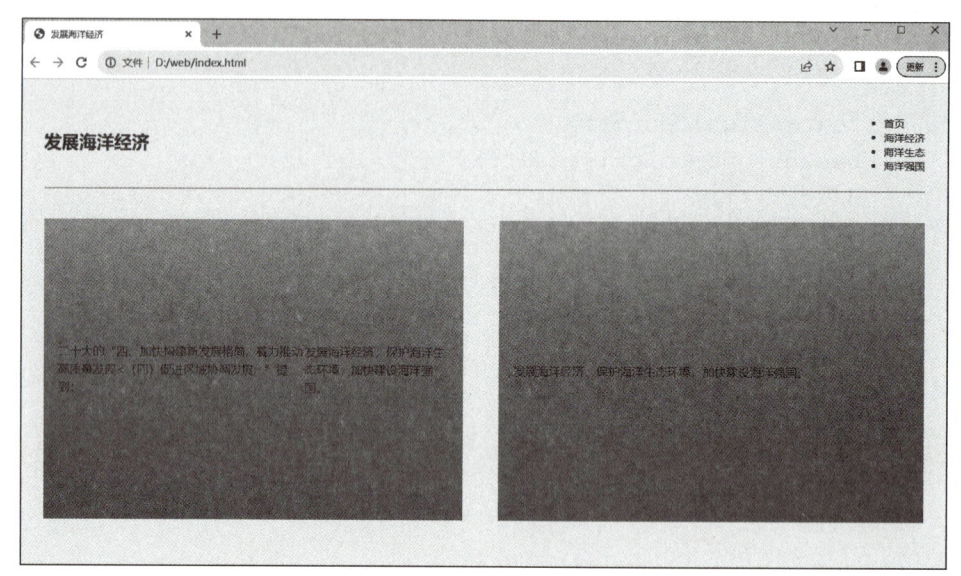

图 2-48 "发展海洋经济"页面运行效果

页面功能说明如下。

（1）指定文档类型为 HTML5。

（2）指定文档使用的字符编码格式为 UTF-8，以支持显示中文字符。

（3）设置页面标题为"发展海洋经济"。

（4）对 body 元素应用样式，设置边距、内边距、字号、文字颜色和背景色。

（5）对 class 为 container 的元素应用样式，设置最大宽度、外边距和内边距。

（6）对 class 为 header 的元素应用样式，设置 CSS 弹性盒子模型显示方式、垂直对齐方式、水平对齐方式、内边距和底边框。

（7）对 class 为 logo 的元素应用样式，设置字体加粗、字号和文字颜色。

（8）对 class 为 nav 的元素应用样式，设置显示方式、垂直对齐方式、水平对齐方式、列表样式、内边距和外边距。

（9）对 class 为 nav 的列表项应用样式，设置左边距。

（10）对 class 为 nav 的超链接应用样式，设置文字颜色、文本装饰和 0.3 s 过渡效果。

（11）对 class 为 nav 的超链接在鼠标悬停时应用样式，设置文字颜色。

（12）对 class 为 about 的元素应用样式，设置显示方式、水平对齐方式和上边距。

（13）对 class 分别为 about-img 和 about-content 的元素应用相同的样式，设置宽度比例、内边距、CSS 弹性盒子模型、文本对齐方式、显示方式、垂直对齐方式、背景渐变和高度。

（14）对 class 为 about 的段落应用样式，设置字号和行高。

页面代码如下。

```
<   【1】   >
<html>
<head>
```

```
<  【2】  charset="UTF-8">
<title>发展海洋经济</title>
  【3】
    body{
        margin:0;
        padding:0;
         【4】  :14px;
        color:#333;
        background-color:#f5f5f5;
    }

    .container{
         【5】  :1200px;
        margin:0 auto;
        padding:20px;
    }

    .header{
         【6】  :flex;
        align-items:center;
         【7】  :space-between;
        padding:10px 0;
         【8】  :2px solid #ccc;
    }

    .logo{
         【9】  :bold;
        font-size:24px;
        color:#333;
    }

    .nav{
         【10】  :flex;
        align-items:center;
        justify-content:flex-end;
         【11】  :none;
        padding:0;
        margin:0;
    }

    .nav li{
        margin-left:20px;
    }

    .nav a{
        color:#333;
        text-decoration:none;
         【12】  :color 0.3s;
    }

    .nav a:hover{
        color:#f00;
```

```
        }
        .about{
             【13】 :flex;
            justify-content:space-between;
            margin-top:40px;
        }

        .about-img,.about-content{
             【14】 -basis:48%;
            padding:20px;
             【15】 :border-box;
            text-align:left;
             【16】 :flex;
            align-items:center;
            background:linear-gradient(#99d9ea,#00a2e8);
            height:400px;
        }

        .about p{
            font-size:16px;
            line-height:24px;
        }
    </style>
 【17】
 【18】
    <div class="container">
        <header class="header">
            <div class="logo">发展海洋经济</div>
            <nav class="nav">
                 【19】 
                    <li><a href="#">首页</a></li>
                    <li><a href="#">海洋经济</a></li>
                    <li><a href="#">海洋生态</a></li>
                    <li><a href="#">海洋强国</a></li>
                </ul>
            </nav>
        </header>
        <section class="about">
            <div class="about-img">
                <p>二十大的"四、加快构建新发展格局,着力推动高质量发展<(四)促进区域协调发展。"提道:</p>
                <p>发展海洋经济,保护海洋生态环境,加快建设海洋强国。</p>
            </div>
            <div 【20】 >
                <p>发展海洋经济,保护海洋生态环境,加快建设海洋强国。</p>
            </div>
        </section>
    </div>
</body>
</html>
```

项目三 响应式页面案例

项目导读

党的二十大报告提道:"推动战略性新兴产业融合集群发展,构建新一代信息技术、人工智能、生物技术、新能源、新材料、高端装备、绿色环保等一批新的增长引擎。"本项目的响应式页面所适用的许多设备,就是新一代信息技术产品或高端装备,在学习本项目技能的过程中,要多观察社会上出现的新设备,要以发展的眼光观察新设备的出现,尝试将响应式页面技能落实到更多的新设备中。

响应式页面能够根据不同的设备和屏幕尺寸自适应调整布局和样式,以提供最佳的用户体验。它可以适应各种设备,包括桌面计算机、笔记本电脑、平板电脑和移动设备,并在不同设备上提供类似的用户体验。

为了实现响应式页面,开发人员通常使用 CSS 媒体查询和流动布局技术。

CSS 媒体查询可根据设备的宽度、高度、方向、分辨率等属性来应用不同的 CSS 样式,以适应不同的设备和屏幕尺寸。

流动布局技术则可根据屏幕宽度和设备方向来调整页面中元素的大小和位置,以确保页面始终呈现最佳的外观和布局。

本项目通过几个响应式页面案例,初步介绍响应式设计的基础技能。

基于前面项目的学习与积累,从本项目起,在实现步骤过程中将减少许多细节的图片描述,重点呈现网页的 "html" "css" 及 "img" 目录下的图片文件的关系,清楚讲解网页中用到的 HTML 文件和 CSS 文件的代码,在操作过程中实现功能。对于在任务实现过程中涉及的新知识,仍以代码功能解读的形式进行讲解和说明,同时对部分用到的理论知识进行补充,在技能学习的实践过程中,尽可能地讲解清楚重点理论知识的原理。

技能目标

(1)了解常见的页面自适应调整布局和样式的技能技巧。
(2)掌握响应式页面的设计技能。
(3)掌握设计响应式页面常用到的 @media 等 CSS 媒体查询语句的应用技能。

> **素质目标**
>
> （1）以若干个响应式页面的案例效果，激发学生的学习兴趣，培养学生创作作品的工匠精神，提高网页设计的工作能力。
>
> （2）在图文素材应用中，尽可能选取祖国、家乡等美好家园的素材，激发学生爱家乡、爱生活、爱祖国的家国情怀，落实专业与课程思政的自然融合，引导学生树立正确的技能报国的专业技能学习目标。

任务一 响应式文章展示页面

响应式文章展示页面

知识准备

1. float 属性

float 是一个 CSS 属性，用于控制元素在其父级容器中的浮动方式。当应用 float 属性时，元素会从正常的文档流中脱离，沿着指定方向浮动。float 属性常见值见表 3-1。

表 3-1 float 属性常见值

left	元素向左浮动，其他内容会围绕在它的右侧
right	元素向右浮动，其他内容会围绕在它的左侧
none	默认值，元素不浮动，保持在正常的文档流中

当使用 float 属性时，浮动元素会导致其父级容器坍塌，容器的高度无法自动适应浮动元素的高度。为了避免这种情况，可以对父级容器应用一些 clearfix 清除浮动的技术，也可以使用 overflow: auto; 等属性修复。

浮动元素可能影响其他元素的布局，特别是在父级容器内部。为了避免这种情况，可以使用 clear 属性清除浮动，使之后的元素不受其影响。

例 3.1.1：使用 float 属性实现元素的浮动效果。代码如下。

```css
.box{
  width:800px;
}
.left{
  float:left;
  width:200px;
}
```

```
.right{
  float:right;
  width:200px;
}
```

在上述代码中，若 .box 是包含浮动元素的父级容器，则 .left 元素向左浮动，宽度为 200 像素，.right 元素向右浮动，宽度为 200 像素。其他内容将围绕在浮动元素的周围。

浮动布局也可以用新的 CSS 布局模型（如 flexbox 和 grid）取代，因为它们提供更强大、更灵活的布局能力，并且更易于使用和维护。因此，在实际开发中，优先考虑使用这些新的布局技术。

2. Flexbox（CSS 弹性盒子布局）

Flexbox 是一种用于创建灵活且可响应的布局的 CSS 模型。通过在容器元素上应用 Flexbox 属性，可以方便地控制其中子元素的排列、对齐和伸缩能力。

Flexbox 的主要概念、系列属性、常见项目属性见表 3-2~ 表 3-4。

表 3-2 Flexbox 的主要概念

容器（Container）	应用 Flexbox 的父元素称为容器，它通过设置 display: flex; 或 display: inline-flex; 来启用弹性布局
项目（Item）	容器内的子元素称为项目，它们按照指定的规则进行布局
主轴（Main Axis）和交叉轴（Cross Axis）	Flexbox 布局中存在两个轴线，主轴是项目的排列方向，交叉轴是垂直于主轴的方向

表 3-3 Flexbox 的系列属性

flex-direction	定义项目在主轴上的排列方式（水平或垂直方向）
flex-wrap	定义项目是否换行以适应容器
justify-content	定义项目在主轴上的对齐方式
align-items	定义项目在交叉轴上的对齐方式
align-content	定义多行项目在交叉轴上的对齐方式

表 3-4 Flexbox 的常见项目属性

order	定义项目的排列顺序
flex-grow	定义项目的放大比例
flex-shrink	定义项目的缩小比例
flex-basis	定义项目在分配多余空间之前的初始大小
align-self	定义单个项目在交叉轴上的对齐方式

使用 Flexbox 可以轻松创建自适应且可响应的布局，更好地管理项目的排列和对齐方式，代替传统的基于浮动和定位的布局方法。它提供了强大的布局能力，并且能够适应不同屏幕尺寸和设备。

flex: 1 是一个用于设置 Flexbox 布局的 CSS 属性。它是 flex-grow、flex-shrink 和 flex-basis 这 3 个属性的简写形式。

当使用 flex: 1 属性时，以下 3 个值会被设置。

（1）flex-grow: 1：指定元素是否可以伸展以填充剩余空间。将 flex-grow 设置为 1 表示该元素可以根据需要扩展，填充父容器中的剩余空间。

（2）flex-shrink: 1：指定元素是否可以缩小以适应容器大小变化。将 flex-shrink 设置为 1 表示该元素可以根据需要缩小，以避免溢出或破坏布局。

（3）flex-basis: 0：指定元素在分配多余空间之前的初始大小。将 flex-basis 设置为 0 表示该元素初始大小为 0，它会在剩余空间分配之前被压缩以适应其他项目的伸缩需求。

请注意，flex: 1 可以与其他 Flexbox 属性结合使用，以创建更复杂的布局。根据具体需求，可以调整 flex-grow、flex-shrink 和 flex-basis 的值来实现不同的效果。

任务描述

（1）页面包括一个标题栏、一个导航栏、一个内容区域和一个页脚。

（2）顶部包括标题栏和导航栏。标题栏设有背景色，文字颜色为白色，文本水平居中且垂直居中。导航栏位于标题栏下方，设置适当高度和背景色，导航项包括"首页""关于""内容"，靠左对齐。

（3）中部内容区域采用左右布局，左侧和右侧各显示标题和短文，设有边框线和边框阴影效果，左侧宽度比例为 3，右侧宽度比例为 1，当浏览器宽度发生变化时，左、右两侧宽度比例不变，高度可变化以正常显示文字。

（4）页脚栏设有适当背景色，文字颜色为白色。

（5）网页运行效果如图 3-1 所示。

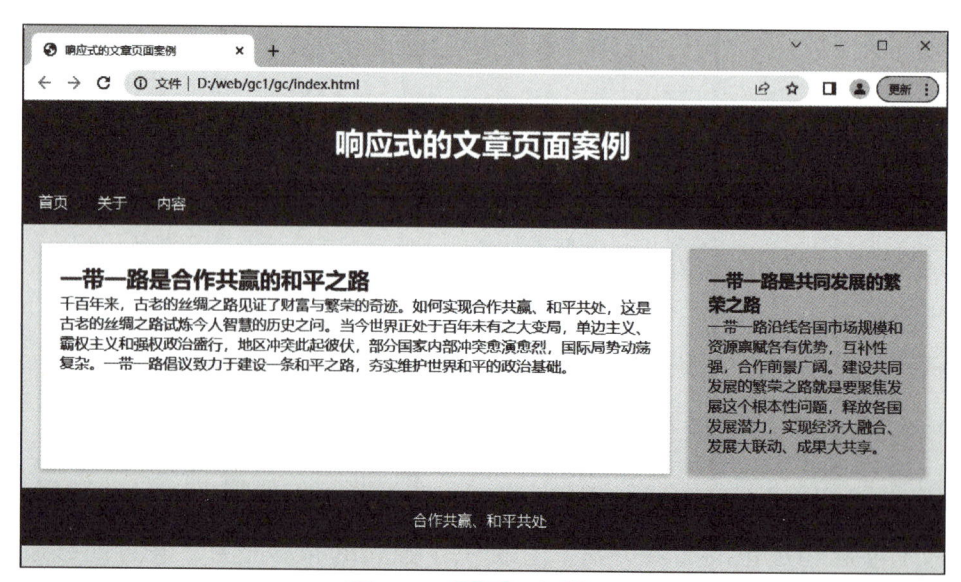

图 3-1　网页运行效果

实现步骤

（1）启动 HBuilderX 软件，创建一个"普通项目"的"基本 HTML 项目"模板，编辑 index.html 文件，代码如下。

```html
<!DOCTYPE html>
<html>
<head>
    <title>响应式的文章页面案例</title>
    <link rel='stylesheet' type='text/css' href='css/mycss.css'/>
</head>
<body>
    <header class='header'>
        <h1>响应式的文章页面案例</h1>
    </header>
    <nav class="navbar">
        <a href="#">首页</a>
        <a href="#">关于</a>
        <a href="#">内容</a>
    </nav>
    <main class="main">
        <article class="article">
            <h2>一带一路是合作共赢的和平之路</h2>
            <p>千百年来，古老的丝绸之路见证了财富与繁荣的奇迹。如何实现合作共赢、和平共处，这是古老的丝绸之路试炼今人智慧的历史之问。当今世界正处于百年未有之大变局，单边主义、霸权主义和强权政治盛行，地区冲突此起彼伏，部分国家内部冲突愈演愈烈，国际局势动荡复杂。一带一路倡议致力于建设一条和平之路，夯实维护世界和平的政治基础。</p>
        </article>

        <aside class="sidebar">
            <h3>一带一路是共同发展的繁荣之路</h3>
            <p>一带一路沿线各国市场规模和资源禀赋各有优势，互补性强，合作前景广阔。建设共同发展的繁荣之路就是要聚焦发展这个根本性问题，释放各国发展潜力，实现经济大融合、发展大联动、成果大共享。</p>
        </aside>
    </main>
    <footer class="footer">
        <p>合作共赢、和平共处</p>
    </footer>
</body>
</html>
```

（2）在"img"目录下创建 mycss.css 文件，如图 3-2 所示。

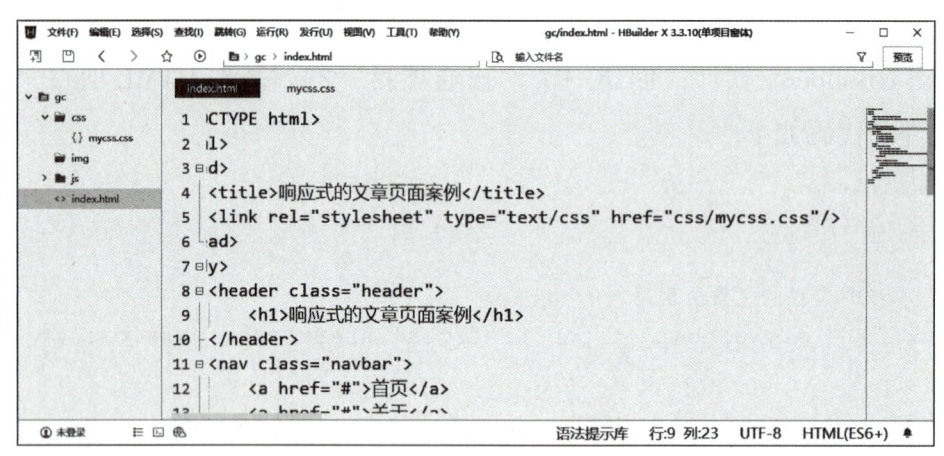

图 3-2　创建 mycss.css 文件

（3）编辑 mycss.css 文件，代码如下。

```css
*{
    margin:0;
    padding:0;
}
body{
    background-color:#f1f1f1;
}
.header{
    background-color:#ec0000;
    color:#fff;
    padding:20px;
    text-align:center;
}
.navbar{
    background-color:#ce0000;
    overflow:hidden;
}
.navbar a{
    float:left;
    color:#fff;
    text-align:center;
    padding:14px 16px;
    text-decoration:none;
}
.navbar a:hover{
    background-color:#d40d11;
    color:#333;
}
.main{
    padding:20px;
    display:flex;
    flex-wrap:wrap;
}
```

```
.article{
    flex:3;
    margin-right:20px;
    background-color:#fff;
    padding:20px;
    box-shadow:0 2px 5px rgba(0,0,0,0.1);
}
.sidebar{
    flex:1;
    background-color:#ddd;
    padding:20px;
    box-shadow:0 2px 5px rgba(0,0,0,0.1);
}
.footer{
    background-color:#ce0000;
    color:#fff;
    padding:20px;
    text-align:center;
}
```

.article 等代码的功能解读见表 3-5。

表 3-5 .article 等代码的功能解读

`.article{`
`    flex:3;`
`}`
`.sidebar{`
`    flex:1;`
`}`
	flex: 3 设置 .article 所拾取的标签宽度，flex: 1 设置 .sidebar 所拾取的标签宽度，两者比例是 3∶1。当浏览器宽度发生变化时，保持比例不变

（4）在浏览器中运行 index.html 文件，当浏览器宽度发生变化时，页面自动适应，如图 3-3 所示。

图 3-3 运行 index.html 文件

知识链接

flex: 3 是 CSS 中 Flexbox 布局的一个属性，它指定了项目在弹性容器中占用的比例。弹性容器通过子元素的 flex 属性来确定子元素在弹性容器中占据的空间大小。属性设置为 flex: 3，则这个项目会占据其他项目所占据空间的 3 倍。

仅用 flex 并未完全实现响应式页面要求，为了让页面能在不同设备环境下正常呈现内容，还需要使用 @media 语句，实现真正的响应式网页。

CSS3 @media 查询是一种 CSS 技术，能使页面根据不同的设备、屏幕大小和媒体类型应用不同的 CSS 样式。

任务二　响应式首页页面

知识准备

1. transition 属性

transition 是一个 CSS 属性，用于在元素发生变化时实现平滑过渡效果。它可以控制在指定的时间段内，元素的属性从初始状态过渡到最终状态的动画效果。

transition 属性通常与其他属性配合使用，以指定需要过渡的属性、过渡的持续时间、过渡的延迟时间以及过渡的速度曲线（也称为缓动函数）。

transition 属性的语法格式如下。

```
element{
  transition:property duration timing-function delay;
}
```

各配合使用属性的功能说明见表 3-6。

表 3-6　各配合使用属性的功能说明

属性	功能
property	指定需要过渡的属性。可以使用逗号分隔多个属性值，或者设置为 all 表示所有可过渡的属性都参与过渡
duration	指定过渡的持续时间，以秒（s）或毫秒（ms）为单位。例如，0.5 s 表示过渡持续 0.5 s
timing-function	指定过渡的速度曲线，即过渡效果的加速和减速方式。常用的速度曲线包括 ease（默认值，缓慢开始，然后加速，最后缓慢结束）、linear（匀速）、ease-in（缓慢开始）、ease-out（缓慢结束）等，还可以使用贝塞尔曲线来自定义速度曲线

续表

属性	功能
delay	指定过渡的延迟时间，以秒（s）或毫秒（ms）为单位。例如，0.2 s 表示延迟 0.2 s 后开始过渡

例 3.2.1：如何使用 transition 属性。代码如下。

```
.element{
    transition:width 0.3s ease-in-out,background-color 1s linear;
}
```

在上述代码中，.element 元素的宽度和背景颜色属性被设置为过渡属性，过渡持续时间分别为 0.3 s 和 1 s。宽度的速度为缓入缓出，背景色的速度为匀速。

通过使用 transition 属性，可以实现元素在属性变化时的平滑过渡效果，使页面动态和交互更加生动和流畅。

transition: all 0.3s ease-out; 用于对所有属性的变化应用平滑过渡效果，过渡持续时间为 0.3 s，并且使用缓出的速度曲线。

（1）all 表示所有可过渡的属性都会参与过渡效果。如果希望只有特定的属性过渡，可以将 all 替换为对应的属性名称，或者通过逗号分隔多个属性。

（2）0.3 s 表示过渡的持续时间为 0.3 s，可以根据需要调整该值。

（3）ease-out 是一种速度曲线，它表示过渡效果将缓慢结束。在过渡开始时，元素变化较快，逐渐减慢并缓慢结束过渡效果。

通过使用这个过渡规则，元素的所有属性（如宽度、高度、颜色、位置等）在发生变化时会以持续时间为 0.3 s 的缓出效果进行过渡。这可以为元素增加一种平滑和渐变的感觉，并提升用户体验。

2. z-index 属性

z-index 是一个 CSS 属性，用于控制元素的层叠顺序。它决定了在页面中重叠元素之间的显示顺序，具有较大 z-index 值的元素将覆盖具有较小 z-index 值的元素。

z-index 属性接受整数值、auto 或 inherit 作为值，并且仅对定位元素（position: relative、position: absolute、position: fixed 或 position: sticky）有效。

position: relative、position: absolute、position: fixed 和 position: sticky 这几个 CSS 属性用于定位元素，并且它们有一些区别。

1）position: relative

相对定位，元素相对于其正常位置进行定位，但仍保留原先的空间。使用 top、right、bottom 和 left 属性可以调整元素的位置。如果没有设置这些偏移属性，元素不会发生位置变化。相对定位不会影响其他元素的布局。

2）position: absolute

绝对定位，元素相对于最近的已定位（非 static）的父元素进行定位。如果没有已定位的父元素，则相对于初始包含块进行定位（通常是文档的窗口或根元素）。使用偏移属性可以调整元素的位置。绝对定位会从文档流中脱离，不会占据空间，因此其他元素在布局时会忽略此元素。

3）position: fixed

固定定位，元素相对于视口进行定位，即无论页面滚动与否，元素始终停留在固定位置。固定定位通常用于创建导航栏或悬浮元素。与绝对定位类似，固定定位的元素会从文档流中脱离，不影响其他元素的布局。

4）position: sticky

粘性定位，元素在满足触发条件时相对于其父元素进行定位，否则表现为相对定位。通过设置 top、right、bottom 或 left 属性来指定触发条件。当滚动到触发条件时，元素会固定在指定位置，直到父元素的边界滚动出视口范围。粘性定位会同时具有相对定位和固定定位的特性。

3. z-index 的常见用法

1）整数值

使用正整数或负整数来指定 z-index 的层叠顺序。较大的正整数表示更高的层叠顺序，即元素会覆盖较小的值或负值的元素。例如：

```
.element{
  z-index:1;
}
```

2）auto

当 z-index 设置为 auto 时，层叠顺序由元素在文档流中的位置决定。靠后的元素会覆盖前面的元素。例如：

```
.element{
  z-index:auto;
}
```

3）inherit

通过将 z-index 设置为 inherit，元素将继承父级元素的 z-index 值。例如：

```
.element{
  z-index:inherit;
}
```

需要注意的是，z-index 只在层叠上下文中起作用。当一个元素创建了层叠上下文时，其 z-index 值会影响其子元素的层叠顺序，但不会影响其他层叠上下文中的元素。

z-index 的值只有在同一层叠上下文中才有意义，不同层叠上下文的 z-index 值无法直接比较。

z-index 值大时并不总是能保证元素在页面上的显示顺序，还需要考虑其他因素，如父级层叠上下文、兄弟元素的层叠顺序等。

任务描述

（1）页面顶部为导航栏，左侧显示公司标志（用文本或图片），右侧显示导航项目。

（2）导航项目包括"首页""关于""业务""联系"等项目。

（3）"欢迎访问"包括标题和副标题，设有背景图，字体前景色为白色。

（4）卡片式展示 3 个图文项目，包括图片、标题和简介，卡片设置圆角效果。

（5）页脚栏设有背景色，文字颜色为白色，显示版权文字信息。

（6）网页运行效果如图 3-4 所示。

图 3-4 网页运行效果

实现步骤

（1）启动 HBuilderX 软件，创建一个"普通项目"的"基本 HTML 项目"模板，把需要用到的图片文件复制到"img"目录中，在"css"目录中创建 mycss.css 文件，编辑 index.html 文件，如图 3-5 所示。

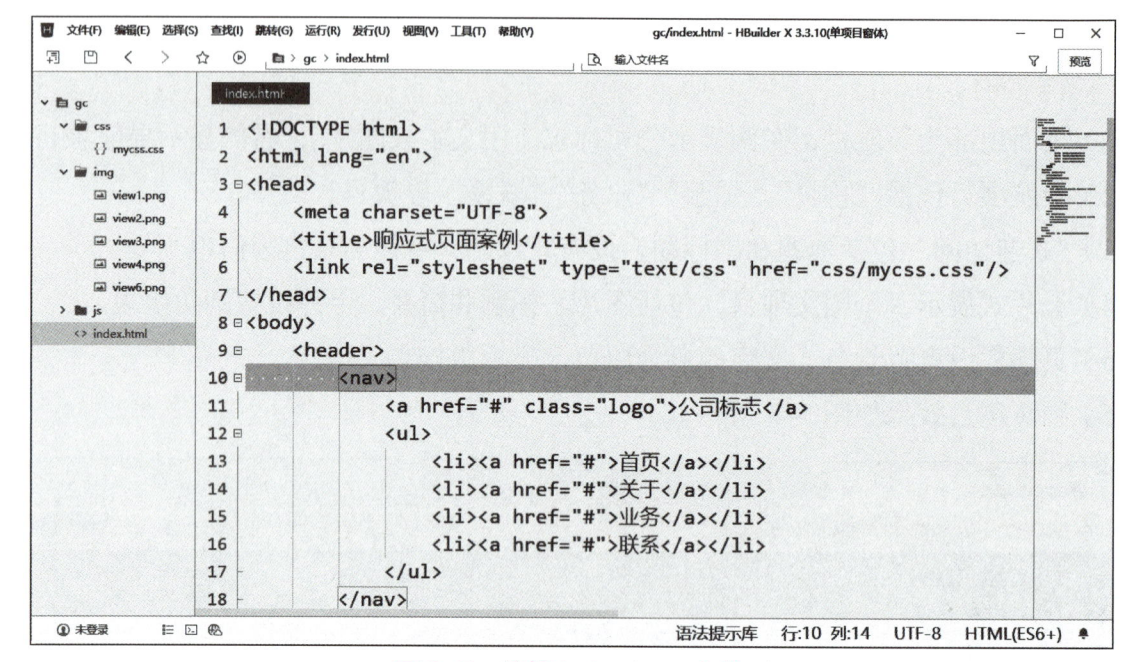

图 3-5 编辑 index.html 文件

（2）index.html 文件代码如下。

```html
<!DOCTYPE html>
<html lang="en">
<head>
    <meta charset="UTF-8">
    <title>响应式页面案例</title>
    <link rel="stylesheet" type="text/css" href="css/mycss.css"/>
</head>
<body>
    <header>
        <nav>
            <a href="#" class="logo">公司标志</a>
            <ul>
                <li><a href="#">首页</a></li>
                <li><a href="#">关于</a></li>
                <li><a href="#">业务</a></li>
                <li><a href="#">联系</a></li>
            </ul>
        </nav>
    </header>
    <section class="hero">
        <h1>欢迎访问</h1>
        <p>欢迎访问本公司网站.</p>
    </section>
    <div class="container">
        <div class="card">
            <img src="img/view1.png" alt="Card Image">
            <h3>卡片标题1</h3>
            <p>卡片内容简介</p>
        </div>
```

```html
        <div class="card">
            <img src="img/view2.png" alt="Card Image">
            <h3>卡片标题2</h3>
            <p>卡片内容简介</p>
        </div>
        <div class="card">
            <img src="img/view3.png" alt="Card Image">
            <h3>卡片标题3</h3>
            <p>卡片内容简介</p>
        </div>
    </div>
    <footer>
        <p>&copy; 2021 由XXX有限公司提供技术支持。</p>
    </footer>
</body>
</html>
```

知识链接

©是 HTML 字符实体的一种，表示版权符号"©"，是在 Web 页面上显示特殊符号的一种方式。由于某些字符具有特殊含义（如小于号和大于号等），所以需要使用实体名称或实体编号代替它们，以确保这些符号能在 HTML 页面中正确地显示。

在 HTML 中，实体以"&"符号开头，以";"符号结尾，其中"copy"表示版权符号。因此，©可以用来替代直接输入"©"，以确保该符号在各种浏览器和设备上都能正确地显示。

（3）mycss.css 文件代码如下。

```css
*{
    box-sizing:border-box;
}
html{
    scroll-behavior:smooth;
}
body{
    margin:0;
    padding:0;
    font-family:Arial,sans-serif;
    background-color:#f3f3f3;
}
header{
    background-color:#55aaff;
    color:#fff;
    padding:20px;
    position:sticky;
```

```css
        top:0;
        z-index:999;
}
nav{
    display:flex;
    justify-content:space-between;
    align-items:center;
}
nav ul{
    margin:0;
    padding:0;
    list-style:none;
    display:flex;
    flex-wrap:wrap;
}
nav ul li{
    margin:0 10px;
}
nav ul li a{
    color:#fff;
    text-decoration:none;
    padding:10px;
    display:block;
    transition:all 0.3s ease-out;
}
nav ul li a:hover{
    background-color:#fff;
    color:#333;
}
.hero{
    background-image:url("../img/view6.png");
    height:30vh;
    display:flex;
    align-items:center;
    justify-content:center;
    flex-direction:column;
    text-align:center;
    color:#fff;
    background-position:center;
    background-repeat:no-repeat;
    background-size:cover;
}
.hero h1{
    font-size:3rem;
    line-height:1;
}
.hero p{
    font-size:1.5rem;
    margin:10px 0 0;
```

```css
}
.container{
    width:90%;
    max-width:1200px;
    margin:0 auto;
    padding:20px;
    display:flex;
    flex-wrap:wrap;
    align-items:stretch;
    justify-content:center;
}
.card{
    box-shadow:0px 4px 8px rgba(0,0,0,0.1);
    margin:20px;
    border-radius:10px;
    overflow:hidden;
    flex:1 0 300px;
    max-width:300px;
    transition:all 0.3s ease-out;
}
.card:hover{
    transform:translateY(-10px);
    box-shadow:0px 4px 10px rgba(0,0,0,0.2);
}
.card img{
    width:100%;
    height:auto;
    object-fit:cover;
    object-position:center;
}
.card h3{
    font-size:1.5rem;
    margin:10px;
    text-align:center;
}
.card p{
    font-size:1.2rem;
    margin:10px;
    text-align:center;
    color:#777;
}
@media (min-width:768px){
    .container{
        flex-wrap:wrap;
        justify-content:space-between;
        align-items:center;
    }
    .card{
        flex:1 0 calc(50% - 40px);
```

```
            max-width:calc(50% - 40px);
        }
    }
    @media (min-width:1024px){
        .card{
            flex:1 0 calc(33.33% - 40px);
            max-width:calc(33.33% - 40px);
        }
    }
    footer{
        background-color:#333;
        color:#fff;
        padding:20px;
        text-align:center;
    }
    footer p{
        margin:0;
    }
```

flex 等代码的功能解读见表 3-7。

表 3-7　flex 等代码的功能解读

flex: 1 0 calc(33.33% – 40px);	flex: 1 0 calc(33.33% – 40px) flex: 1 设置该元素的 flex-grow、flex-shrink 和 flex-basis 属性。0 表示不允许该元素缩小。 calc(50% – 40px) 表示元素的初始尺寸为占据其父容器宽度的一半减去 40 像素，即使该元素在自适应布局中具有一定的灵活性。 该属性通常用于一个弹性容器内的项目，指定其在弹性布局中如何分配剩余的空间，用来设置一个灵活的元素宽度，在响应式设计中，它被广泛应用于适应不同尺寸和屏幕的页面布局
max-width: calc(33.33% – 40px);	max-width 表示元素的最大宽度，即元素能够达到的最大宽度，通常用于限制元素的尺寸。 calc(33.33% – 40px) 表示在将父容器的宽度分为 3 等份的基础上，元素的宽度为占据一份宽度的 33.33% 减去 40 像素的空白间距所占的宽度。 此属性通常用于响应式网页设计，以确保在不同布局和屏幕尺寸下，元素的宽度不会超出其容器

（4）在浏览器中运行 index.html 文件，改变浏览器宽度，当浏览器宽度小于 768 像素时，每行最多显示 2 张卡片，否则每行最多显示 3 张卡片，卡片大小会响应浏览器宽度而发生相应的变化，如图 3-6 所示。

（5）当浏览器宽度缩到更小时，每行只显示 1 张卡片，如图 3-7 所示。

图 3-6　卡片大小响应浏览器宽度　　　　　图 3-7　每行只显示 1 张卡片

知识链接

@media 是 CSS 中用于响应式设计的规则，用于在不同的设备上应用不同的 CSS 样式。它可以根据不同的媒体查询条件，为不同的屏幕尺寸或设备类型提供不同的 CSS 样式。

例 3.2.2：

```
@media (min-width:1024px){
  body{
    font-size:20px;
  }
}
```

在上述代码中，@media (min-width: 1024px) 定义了一个媒体查询条件，表示屏幕宽度至少为 1 024 像素时应用该段 CSS 代码。这意味着该段 CSS 代码只会在宽屏设备上应用，例如桌面计算机或平板电脑等。

上述代码将 body 元素的字号设置为 20 像素，但该样式只在屏幕宽度至少为 1 024 像素时应用。如果屏幕宽度小于 1 024 像素，则该样式将被忽略，以保持页面在小屏幕设备上的可读性和美观性。

总之，@media 规则是响应式设计中非常有用的工具，可以帮助开发者实现对不同屏幕的优化和适配。

任务三　响应式产品展示页面

知识准备

响应式产品展示页面

1. @media

@media 是一个 CSS 规则，用于根据设备的特定条件应用不同的 CSS 样式。通过 @media 规则，可以根据屏幕尺寸、设备类型、浏览器功能等条件应用不同的 CSS 样式；创建响应式的布局和样式，以在不同的设备上提供最佳的用户体验。

@media 规则的基本语法格式如下。

```
@media mediaType and (mediaFeature){
    /* 应用于满足媒体查询条件的样式 */
}
```

其中，mediaType 表示要应用样式的媒体类型，如 screen（屏幕）、print（打印）等；mediaFeature 表示媒体查询的特定条件，如 max-width（最大宽度）、orientation（方向）等。

常见的媒体特性见表 3-8。

表 3-8　常见的媒体特性

特性	说明
width	指定视口宽度
min-width	指定视口最小宽度
max-width	指定视口最大宽度
height	指定视口高度
min-height	指定视口最小高度
max-height	指定视口最大高度
orientation	指定设备方向（横向或纵向）

例 3.3.1：

```
@media screen and (max-width:800px){
  p{
    color:green;
  }
}
```

上述代码展示了一个简单的媒体查询示例，当视口宽度小于等于 800 像素时，段落文字颜色设置为绿色。

通过使用 @media 规则，可以针对不同的设备和条件，灵活地应用不同的样式，以提供更好的用户体验和可访问性。

2. transform 属性

transform 是一个 CSS 属性，用于对元素进行变换（如旋转、缩放、平移等），以改变其在页面上的呈现方式。

transform 属性接受多个值，每个值对应一种变换操作。常见的 transform 值见表 3-9。

表 3-9 常见的 transform 值

translate()	平移元素在平面上的位置。可以指定水平平移和垂直平移的距离
rotate()	旋转元素。可以指定旋转角度，单位为度
scale()	缩放元素的大小。可以指定水平缩放因子和垂直缩放因子
skew()	扭曲元素。可以指定水平扭曲角度和垂直扭曲角度

translateY() 函数用于将元素沿垂直方向移动指定的距离。translateY(-10px) 表示将元素向上移动 10 像素。

负数值表示向上移动，正数值表示向下移动。如果将 translateY() 函数的参数改为正值，比如 translateY(10px)，则元素会向下移动 10 像素。

通过使用 translateY() 函数，可以实现元素在垂直方向上的平移效果，可以调整参数的值来改变位移的距离。

通过使用 transform 属性，可以创建各种独特的动画效果、形状变换或视觉调整，增强页面的交互性和吸引力。

任务描述

（1）"页面标题"栏右侧显示导航项目。

（2）导航项目为"首页""关于我们""业务""系列产品""联系我们"。

（3）"欢迎访问本公司网站"设置背景图。

（4）每行展示 4 个产品图，当浏览器宽度减小时，会自适应每行展示 3 个、2 个或 1 个产品图。

（5）网页运行效果如图 3-8 所示。

图 3-8　网页运行效果

实现步骤

（1）启动 HBuilderX 软件，创建一个"普通项目"的"基本 HTML 项目"模板，把需要用到的多个图片文件复制到"img"目录中，在"css"目录中创建 mycss.css 文件，编辑 index.html 文件，如图 3-9 所示。

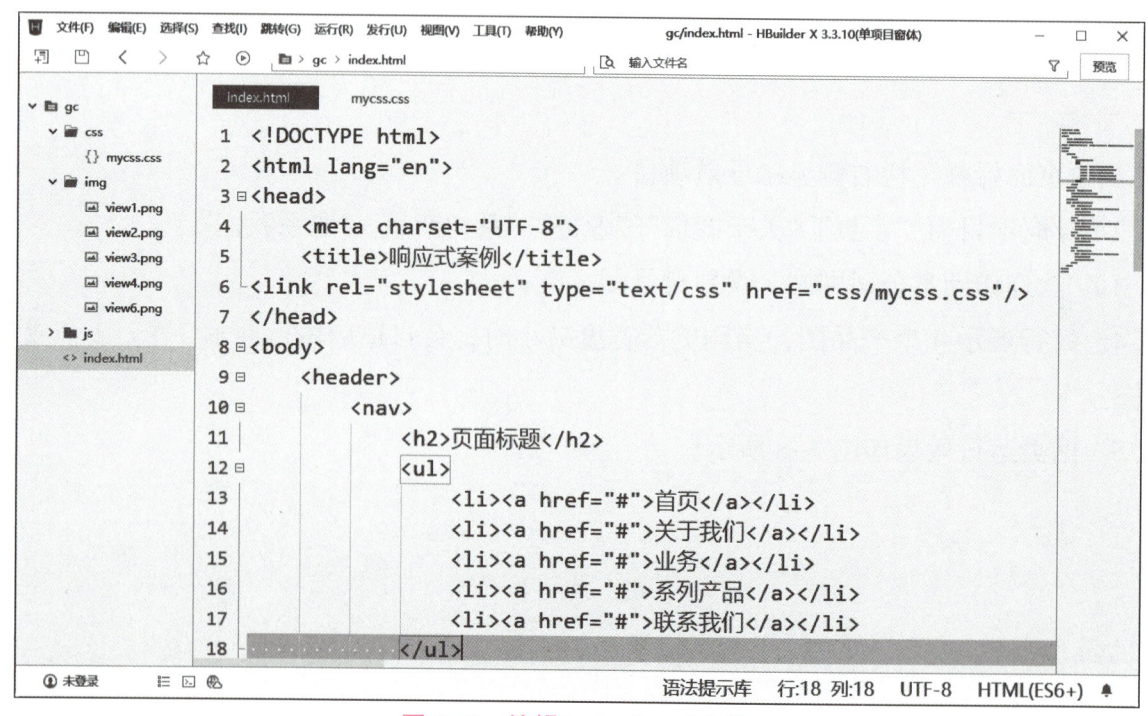

图 3-9　编辑 index.html 文件

（2）index.html 文件代码如下。

```html
<!DOCTYPE html>
<html lang="en">
<head>
    <meta charset="UTF-8">
    <title>响应式案例</title>
<link rel="stylesheet" type="text/css" href="css/mycss.css"/>
</head>
<body>
    <header>
        <nav>
            <h2>页面标题</h2>
            <ul>
                <li><a href="#">首页</a></li>
                <li><a href="#">关于我们</a></li>
                <li><a href="#">业务</a></li>
                <li><a href="#">系列产品</a></li>
                <li><a href="#">联系我们</a></li>
            </ul>
        </nav>
    </header>
    <section class="hero">
        <h1>欢迎访问本公司网站</h1>
        <p>本公司的业务介绍在各页面建成后将展示。</p>
    </section>
    <div class="container">
        <div class="card">
            <img src="img/view1.png" alt="Image">
            <h2>产品1</h2>
            <p>产品资料简介</p>
        </div>
        <div class='card'>
            <img src='img/view1.png' alt='Image'>
            <h2>产品2</h2>
            <p>产品资料简介</p>
        </div>
        <div class='card'>
            <img src='img/view1.png' alt='Image'>
            <h2>产品3</h2>
            <p>产品资料简介</p>
        </div>
        <div class='card'>
            <img src='img/view1.png' alt='Image'>
            <h2>产品4</h2>
            <p>产品资料简介</p>
        </div>
    </div>
</body>
</html>
```

（3）mycss.css 文件代码如下。

```css
*{
    box-sizing:border-box;
}
html{
    scroll-behavior:smooth;
}
body{
    margin:0;
    padding:0;
    background-color:#f3f3f3;
}
header{
    background-color:#aaaaff;
    color:#fff;
    padding:20px;
    position:sticky;
    top:0;
    z-index:999;
}
nav{
    display:flex;
    justify-content:space-between;
    align-items:center;
}
nav ul{
    margin:0;
    padding:0;
    list-style:none;
    display:flex;
    flex-wrap:wrap;
    background-color:#ffaaff;
}
nav ul li{
    margin:0 10px;
}
nav ul li a{
    color:#fff;
    text-decoration:none;
    padding:10px;
    display:block;
    transition:all 0.3s ease-out;
}
nav ul li a:hover{
    background-color:#fff;
    color:#333;
}
.hero{
    background-image:url(../img/view2.png);
    height:30vh;
```

```css
    display:flex;
    align-items:center;
    justify-content:center;
    flex-direction:column;
    text-align:center;
    color:#fff;
    background-position:center;
    background-repeat:no-repeat;
    background-size:cover;
}
.hero h1{
    font-size:3rem;
    margin:0;
    line-height:1;
}
.hero p{
    font-size:1.5rem;
    margin:10px 0 0;
}
.container{
    width:90%;
    background-color:#ffaaff;
    max-width:1400px;
    margin:0 auto;
    padding:20px;
    display:flex;
    flex-wrap:wrap;
    align-items:stretch;
    justify-content:center;

}
.card{
    background-color:#fff;
    box-shadow:0px 4px 8px rgba(0,0,0,0.1);
    margin:20px;
    border-radius:10px;
    overflow:hidden;
    flex:1 0 300px;
    max-width:300px;
    transition:all 0.3s ease-out;
}
.card:hover{
    transform:translateY(-10px);
    box-shadow:0px 4px 10px rgba(0,0,0,0.2);
}
.card img{
    width:100%;
    height:200px;
    object-fit:cover;
}
```

```
.card h2{
    font-size:1.5rem;
    margin:10px;
    line-height:1;
}
.card p{
    font-size:1rem;
    margin:10px;
    line-height:1.5;
}
@media screen and (min-width:768px){
    .hero{
        height:30vh;
    }
    .container{
        flex-wrap:wrap;
    }
    .card{
        margin:20px 10px;
    }
}
@media screen and (min-width:992px){
    .hero{
        height:40vh;
    }
    .card{
        margin:20px;
    }
}
@media screen and (min-width:1200px){
    .hero{
        height:50vh;
    }
}
```

部分代码的功能解读见表 3-10。

表 3-10 部分代码的功能解读

height: 30vh	height: 30vh 表示将父容器高度分为 100 份，在此基础上将元素的高度设置为其中的 30 份，即父容器高度的 30%
transition: all 0.3s ease-out	transition: all 0.3s ease-out 是 CSS 中过渡效果的属性设置，它可以使页面元素在状态变化时产生平滑且流畅的动画效果。 在 transition: all 0.3s ease-out 中，all 表示需要过渡的 CSS 属性为所有属性；0.3 s 表示动画持续时间为 0.3 s；ease-out 表示动画时间曲线为缓慢开始，然后加速直至结束
transform: translateY(–10px)	该元素将在垂直方向上向上移动 10 像素的距离。实现的效果是，.box 元素和其中的文本内容都被上移了 10 像素的距离
scroll–behavior: smooth	scroll-behavior: smooth 是 CSS 中滚动行为属性的设置，它可以使页面在滚动到指定位置时产生平滑、流畅的滚动效果

（4）在浏览器运行网页，当宽度缩到更小时，产品图自适应地换行，并自动更改高度，以达到相应的展示效果，如图 3-10 所示。

图 3-10　产品图自适应地换行

知识链接

媒体查询是一种 CSS 技术，它允许开发人员根据不同的设备、屏幕尺寸和媒体类型应用不同的 CSS 样式。媒体查询可以在 CSS 样式表中添加条件，以针对不同的屏幕宽度、高度、设备方向和分辨率上应用不同的样式。

@media：表示媒体查询的开始。

screen：表示要查询的设备类型是屏幕。

and：表示连接多个条件。

@media screen and (min-width: 768px) {} 表示当屏幕宽度大于等于 768 像素时，下面的 CSS 样式将被应用。这通常用于针对平板电脑和桌面计算机布局的 CSS 样式，以确保页面在大屏幕上显示良好。

任务四 响应式登录页面

知识准备

1. box-shadow 属性

box-shadow 是一个 CSS 属性，用于在元素周围创建阴影效果。

box-shadow 属性接受多个值，用空格分隔。box-shadow 的参数见表 3-11。

表 3-11　box-shadow 的参数

水平偏移量	指定阴影相对于元素的水平位移。正值表示向右移动，负值表示向左移动
垂直偏移量	指定阴影相对于元素的垂直位移。正值表示向下移动，负值表示向上移动
模糊半径	指定阴影模糊的程度。值越大，阴影越模糊；值为 0 表示无模糊效果
扩展半径	可选的，用于扩大或缩小阴影范围。正值表示扩大阴影范围，负值表示缩小阴影范围
阴影颜色	指定阴影的颜色。可以使用颜色关键字、十六进制值或 RGBA 值表示

box-shadow: 0 0 10px rgba(0, 0, 0, 0.3) 为元素创建一个具有以下特征的阴影效果。

（1）水平偏移量为 0，即不产生水平位移。

（2）垂直偏移量为 0，即不产生垂直位移。

（3）模糊半径为 10 像素，产生一个模糊程度为 10 像素的阴影。

（4）扩展半径未指定，因此无扩展效果。

（5）阴影颜色为半透明的黑色，即 RGBA 值为 rgba(0, 0, 0, 0.3)。

这个阴影效果以元素的外边框为基准生成，呈现类似浮起的立体效果。

通过使用 box-shadow 属性，可以在元素周围创建各种阴影效果，增强元素的立体感和提高视觉层次。

2. flex-direction 属性

flex-direction 是一个 CSS 属性，用于指定弹性容器内部的主轴方向。

在默认情况下，弹性容器的主轴方向是水平方向，即从左到右。通过设置 flex-direction 属性的值，可以改变主轴方向。flex-direction 属性的可能值见表 3-12。

表 3-12 flex-direction 属性的可能值

row	默认值。表示沿水平方向排列子元素，主轴起点在弹性容器左端，主轴终点在弹性容器右端
row-reverse	表示沿水平方向排列子元素，但与 row 相反，主轴起点在弹性容器右端，主轴终点在弹性容器左端
column	表示沿垂直方向排列子元素，主轴起点在弹性容器顶部，主轴终点在弹性容器底部
column-reverse	表示沿垂直方向排列子元素，但与 column 相反，主轴起点在弹性容器底部，主轴终点在弹性容器顶部

通过设置 flex-direction 属性的值，可以在不改变文档流的前提下，灵活地控制元素的排列方式。

例 3.4.1：使弹性容器内的子元素垂直排列。代码如下。

```
.container{
  display:flex;
  flex-direction:column;
}
```

通过 flex-direction: column 使弹性容器内的子元素将沿垂直方向排列，依次从弹性容器顶部到底部。

任务描述

（1）"登录"层居中，设有阴影效果，标题为"登录"，可提示输入用户名、密码等，"登录"按钮设有背景色，文本水平居中，设有圆角效果。

（2）当浏览器宽度缩小到一定程度（自行定义）时，"登录"层宽度变大，占满浏览器宽度。

（3）网页运行效果如图 3-11 所示。

图 3-11 网页运行效果

实现步骤

（1）启动 HBuilderX 软件，创建一个"普通项目"的"基本 HTML 项目"模板，在"css"目录中创建 mycss.css 文件，编辑 index.html 文件，创建登录页面内容，如图 3-12 所示。

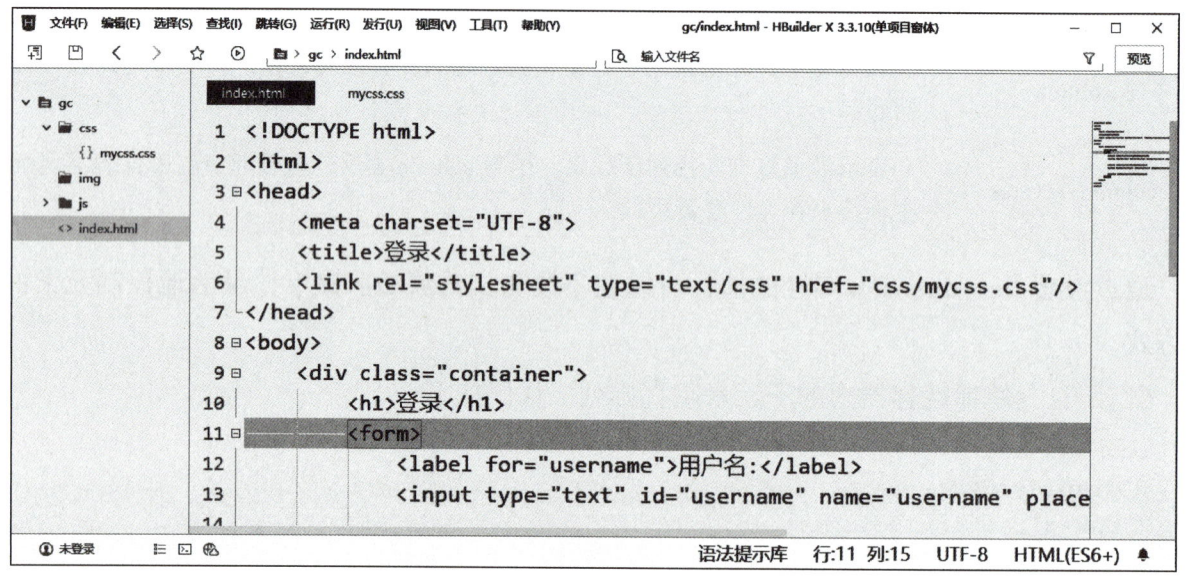

图 3-12　编辑 index.html 文件

（2）index.html 文件代码如下。

```
<!DOCTYPE html>
<html>
<head>
    <meta charset='UTF-8'>
    <title>登录</title>
     <link rel='stylesheet' type='text/css' href='css/mycss.css'/>
</head>
<body>
    <div class='container'>
        <h1>登录</h1>
        <form>
            <label for='username'>用户名:</label>
            <input type='text' id='username' name='username' placeholder='请输入用户名'>
            
            <label for='password'>密码:</label>
            <input type='password' id='password' name='password' placeholder='请输入密码'>
            
            <button type='submit'>登录</button>
        </form>
    </div>
</body>
</html>
```

（3）mycss.css 文件代码如下。

```css
body{
    background-color:#f2f2f2;
}

.container{
    margin:auto;
    padding:20px;
    max-width:400px;
    background-color:#fff;
    box-shadow:0 0 10px rgba(0,0,0,0.3);
}

h1{
    text-align:center;
    margin:0 0 20px;
}

form{
    display:flex;
    flex-direction:column;
}

label{
    margin-bottom:10px;
}

input[type='text'],input[type='password']{
    padding:10px;
    margin-bottom:20px;
    border:none;
    border-radius:5px;
}

button{
    background-color:#4CAF50;
    color:#fff;
    padding:10px;
    border:none;
    border-radius:5px;
    cursor:pointer;
    margin-bottom:20px;
}

@media screen and (max-width:767px){
    .container{
        max-width:100%;
        margin:0;
        box-shadow:none;
    }
}
```

@media 部分代码的功能解读见表 3-13。

表 3-13 @media 部分代码的功能解读

``
@media screen and (max-width:767px){
    .container{
        max-width:100%;
        margin:0;
        box-shadow:none;
    }
}
``
	表示屏幕宽度小于等于 767 像素（最大宽度为 767 像素）时应用下面的 CSS 样式。
	设置 .container 拾取的标题最大宽度 max-width 为 100%

（4）在浏览器中运行网页，当宽度缩到更小时，登录信息全屏展示，达到预期的视觉效果，如图 3-13 所示。

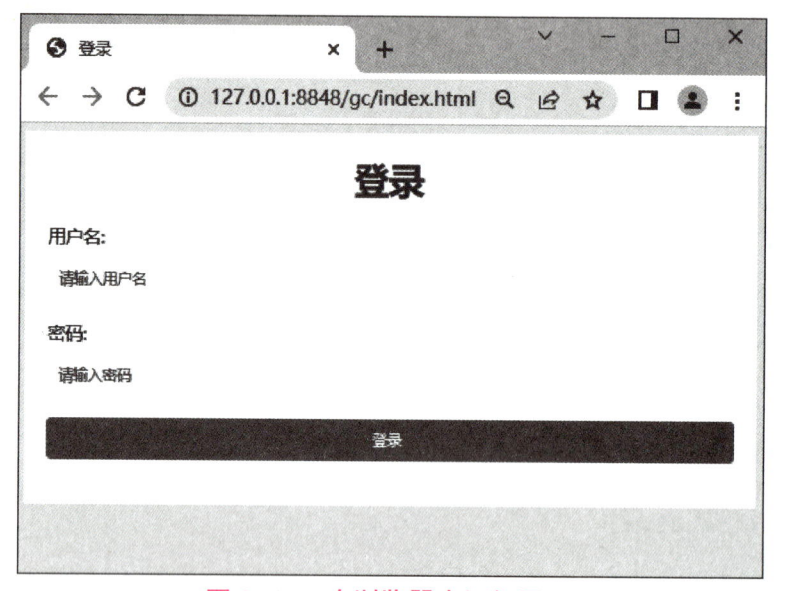

图 3-13 在浏览器中运行网页

知识链接

在本任务中，使用 div 元素来创建一个 .container 容器，将登录表单放置在其中。该容器使用了 CSS 样式来设置最大宽度、居中对齐和阴影效果。

表单使用了 Flexbox 布局，将标签和输入框垂直排列。输入框使用了 padding、border 和 border-radius 属性来增加样式和可读性。按钮使用了背景色、颜色、边框和光标样式来增强交互性。

最后，使用 @media 规则来定义网页在小屏幕设备上的显示效果。当屏幕宽度小于等于 767 像素时，移除了容器的阴影效果，并将最大宽度设置为 100% 以适应屏幕大小。

任务五 响应式会员信息页面

知识准备

1. object-fit 属性

object-fit 是一个 CSS 属性，用于控制替换元素（如 img、video、iframe 等）在容器中的尺寸调整和剪裁方式。object-fit 可以设置的值见表 3-14。

表 3-14 object-fit 可以设置的值

值	功能
fill	默认值。替换元素会拉伸填充整个容器，可能会导致元素的比例发生改变
contain	替换元素会按比例缩放以完全适应容器，保持了其原始的宽高比并且不会超出容器
cover	替换元素会按比例缩放以覆盖容器，保持了其原始的宽高比并且可能超出容器
none	替换元素保持其原始的尺寸，不进行任何缩放调整
scale-down	根据替换元素的原始尺寸和容器的尺寸，选择 none 或 contain 中较小的一个进行调整

例 3.5.1：设置 img 元素完全适应容器并保持其原始比例。代码如下。

```
img{
    width:100%;
    height:100%;
    object-fit:contain;
}
```

img 元素会根据容器的尺寸进行等比例缩放，确保图片完全显示在容器中，并且没有超出容器的部分。

object-fit 属性对于对齐和剪裁图像非常有用，可以根据具体需求选择合适的值来实现各种效果。

2. object-position 属性

object-position 是一个 CSS 属性，用于设置替换元素（如 img、video、iframe 等）在容器中的位置。

该属性接受不同的值来指定替换元素的水平和垂直位置。可以使用长度值、百分比值或关键字来定义位置。常见的 object-position 值见表 3-15。

表 3-15 常见的 object-position 值

值	功能
top	将替换元素的顶部与容器的顶部对齐
bottom	将替换元素的底部与容器的底部对齐
left	将替换元素的左侧与容器的左侧对齐
right	将替换元素的右侧与容器的右侧对齐
center	使替换元素在容器中水平和垂直居中
<length>	使用具体的长度值（如像素）来指定替换元素的偏移位置
<percentage>	使用相对于容器尺寸的百分比值来指定替换元素的偏移位置

例 3.5.2：使图片元素垂直居中并位于容器的水平居中位置。代码如下。

```
img{
    object-position:center;
}
```

例 3.5.3：使图片元素位于容器的右上角。代码如下。

```
img{
    object-position:top right;
}
```

通过设置 object-position 属性，可以对替换元素在容器中的位置进行精确控制，使其能够满足特定的布局需求。

任务描述

（1）"会员信息"标题栏设有背景色，前景色和高度适当，文本水平居中。

（2）"内容区域"设有边框、阴影效果，居中于页面，包括头像、姓名、个人兴趣、工作能力、职业目标、职业成长经历等内容。

（3）当浏览器宽度减小时，保持内容正常显示。

（4）网页运行效果如图 3-14 所示。

图 3-14 网页运行效果

实现步骤

（1）启动 HBuilderX 软件，创建一个"普通项目"的"基本 HTML 项目"模板，在"css"目录中创建 mycss.css 文件，编辑 index.html 文件，创建会员信息页面内容，如图 3-15 所示。

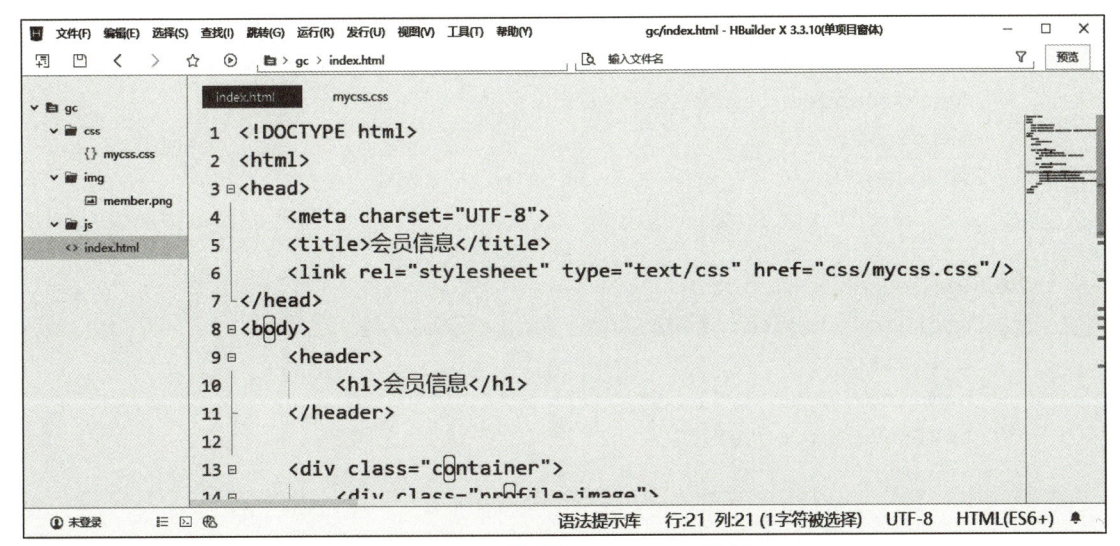

图 3-15　编辑 index.html 文件

（2）index.html 文件代码如下。

```
<!DOCTYPE html>
<html>
<head>
    <meta charset='UTF-8'>
    <title>会员信息</title>
    <link rel='stylesheet' type='text/css' href='css/mycss.css'/>
</head>
<body>
    <header>
        <h1>会员信息</h1>
    </header>

    <div class='container'>
        <div class='profile-image'>
            <img src='img/member.png' alt='个人形象照'>
        </div>

        <div class='profile-details'>
            <h2>小明</h2>

            <p><strong>个人兴趣：</strong>跑步，听歌</p>
            <p><strong>工作能力：</strong>前端开发</p>
            <p><strong>职业目标：</strong>前端开发达人级</p>
            <p><strong>职业成长经历：</strong>毕业后第一年：实习程序员；工作岗位主要任务是前端页面设计，常用HTML+CSS+JavaScript。毕业后第二年：助理程序员；工作岗位主要任务参与开发网站后台，常用语言java。</p>
```

```html
            </div>
        </div>
    </body>
</html>
```

（3）mycss.css 文件代码如下。

```css
body{
    font-family:Arial,sans-serif;
    background-color:#f2f2f2;
    margin:0;
    padding:0;
}

header{
    background-color:#4CAF50;
    color:#fff;
    padding:20px;
    text-align:center;
}

.container{
    max-width:800px;
    margin:20px auto;
    background-color:#fff;
    box-shadow:0 0 10px rgba(0,0,0,0.3);
    padding:20px;
    display:flex;
    flex-wrap:wrap;
    justify-content:center;
}

.profile-image{
    flex-basis:100%;
    text-align:center;
    margin-bottom:20px;
}

.profile-image img{
    border-radius:50%;
    width:200px;
    height:200px;
    object-fit:cover;
    object-position:center;
}

.profile-details{
    flex-basis:100%;
    text-align:center;
    margin-bottom:20px;
}
```

```
.profile-details h2{
    margin:0 0 10px;
}

.profile-details p{
    margin:0;
    font-size:18px;
    line-height:1.5;
}

@media screen and (min-width:768px){
    .profile-image{
        flex-basis:30%;
        margin-bottom:0;
        text-align:left;
    }

    .profile-details{
        flex-basis:70%;
        text-align:left;
        margin-left:20px;
    }
}
```

部分代码的功能解读见表 3-16。

表 3-16 部分代码的功能解读

代码	功能解读

`@media screen and (min-width:768px){`
`    .profile-image{`
`        flex-basis:30%;`
`        margin-bottom:0;`
`        text-align:left;`
`    }`
`    .profile-details{`
`        flex-basis:70%;`
`        text-align:left;`
`        margin-left:20px;`
`    }`
`}`
	表示屏幕宽度大于等于 768 像素（最小宽度为 768 像素）时应用下面的 CSS 样式。
	flex-basis: 30% 设置 .profile-image 拾取的标题宽度为 30%。
	flex-basis: 70% 设置 .profile-details 拾取的标题宽度为 70%

（4）在浏览器中运行网页，当宽度缩到更小时，会员信息内容展示不变小，达到预期的视觉效果，如图 3-16 所示。

图 3-16 在浏览器中运行网页

知识链接

本任务中的页面包含一张用户图片和用户详细信息。页面使用了弹性布局,使其响应式地适应不同大小的设备。

在桌面设备上,用户图片占据整个左侧区域的 1/3,而用户详细信息占据剩余的 2/3。在移动设备上,它们都占据整个屏幕宽度,并通过媒体查询将其样式调整为屏幕适应。

项目总结

响应式设计是一种能够自动适应不同屏幕尺寸的设计方式,可以使网站在不同设备上提供更好的用户体验。在进行了本项目的几个任务案例的学习之后,相信学生对响应式页面有了一定的认识,若要学习好响应式页面设计,需要重点掌握的内容比较多,可以总结为以下几方面。

(1)布局设计:在响应式页面设计中,布局是关键。需要使用弹性布局或栅格系统来构建灵活的布局,以适应不同的屏幕尺寸。

(2)媒体查询:媒体查询是响应式设计的基础,它可以让设计者根据不同设备的屏幕尺寸和像素密度来应用不同的 CSS 样式。

（3）优化图片：图片是体现网站性能的主要因素之一，特别是对于移动设备来说更加重要。因此，在响应式页面设计中，需要针对不同的设备加载不同大小的图片，从而提高页面加载速度。

（4）视口设置：视口是指浏览器用来显示网页内容的区域。在设计响应式页面时，需要设置合适的视口大小，以确保页面在不同设备上呈现最佳效果。

（5）设计原则：在响应式页面设计中，需要遵循一些设计原则，如简单明了、易于导航、注重可读性等，以提高用户体验。

除此之外，还有一些响应式页面设计的最佳实践，如使用字体图标代替图片、使用 CSS Sprites 优化页面加载速度等，这些都是响应式页面设计中需要注意的细节。

总之，响应式页面设计是现代网站设计的必要技能之一，它可以让网站在不同的设备上具有优秀的响应能力，提高用户体验。掌握响应式页面设计的基本原理和技巧，可以更好地设计和开发响应式网站。

项目评价

序号	任务	自评	教师评价
1	任务一：响应式文章展示页面	了解□ 熟练□ 精通□	了解□ 熟练□ 精通□
2	任务二：响应式首页页面	了解□ 熟练□ 精通□	了解□ 熟练□ 精通□
3	任务三：响应式产品展示页面	了解□ 熟练□ 精通□	了解□ 熟练□ 精通□
4	任务四：响应式登录页面	了解□ 熟练□ 精通□	了解□ 熟练□ 精通□
5	任务五：响应式会员信息页面	了解□ 熟练□ 精通□	了解□ 熟练□ 精通□

拓展练习

一、选择题

1. 媒体查询的作用是（　　）。

A. 根据设备的特性应用不同的样式　　　　B. 对页面元素进行布局排列

C. 控制页面的动画效果　　　　　　　　　D. 优化 SEO 排名

2. 媒体查询可根据以下哪些属性来选择应用样式？（　　）

A. 宽度　　　　　B. 高度　　　　　C. 方向　　　　　D. 分辨率

E. 所有选项都可以

3. 在 CSS 中，如何编写媒体查询？（　　）

A. 使用 @media 规则　　　　　　　　B. 使用 @query 规则

C. 使用 @media-query 规则　　　　　D. 使用 @media-style 规则

4. 媒体查询样式将在（　　）生效。

A. 当页面加载时　　　　　　　　　　B. 当用户单击某个元素时

C. 当设备宽度小于某个阈值时　　　　D. 当鼠标悬停在某个元素上时

5. 如何指定设备的最小宽度来应用媒体查询样式？（　　）

A. min-width: 值；　　　　　　　　　B. max-width: 值；

C. width: 值；　　　　　　　　　　　D. device-width: 值；

6. 如何根据设备方向来应用媒体查询样式？（　　）

A. orientation: 横向 / 纵向；　　　　　B. direction: 横向 / 纵向；

C. device-orientation: 横向 / 纵向；　　D. screen-orientation: 横向 / 纵向；

7. 如何根据设备的像素密度（DPI）来应用媒体查询样式？（　　）

A. resolution: dpi;　　　　　　　　　B. pixel-density: dpi;

C. device-pixel-ratio: 值；　　　　　　D. dpi: 值；

8. 如何在媒体查询中使用逻辑操作符（AND/OR）？（　　）

A. 使用 and 和 or 关键字　　　　　　B. 使用 && 和 || 符号

C. 无须使用逻辑操作符　　　　　　　D. 使用空格

9. 如何编写一个适用于大屏幕设备的媒体查询？（　　）

A. @media (min-width: 1024px) { ... }　B. @media (max-width: 576px) { ... }

C. @media (orientation: landscapE. { ... }　D. @media (device-pixel-ratio: 2) { ... }

10. 如何编写一个适用于移动设备的媒体查询？（　　）

A. @media (min-width: 992px) { ... }　B. @media (max-width: 768px) { ... }

C. @media (orientation: portrait) { ... }　D. @media (device-pixel-ratio: 1.5) { ... }

二、操作题

1. 设计一个响应式体育报道页面。

任务描述如下。

（1）设计一个响应式体育报道页面，页面最大宽度为 max-width: 768px。

（2）导航栏高度为 100 像素，设置适当的背景色和内边距，设计"体育报道"标题左对齐，使用适当的大字号，文字颜色为黑色，自行补充导航菜单内容，文字颜色为白色。

（3）在内容区域设置"最新新闻""赛事报告""选手专访"等栏目，设置适当的背景色和内边距，自行补充新闻列表、赛事报道内容、选手专访内容等信息。

（4）底部背景色与导航栏相同，设置适当的内边距，水平居中，使用适当的小字号，文字颜色为白色，自行补充版权信息、超链接等内容。

（5）响应式体育报道页面运行效果如图3-17所示。

图3-17 响应式体育报道页面运行效果

2. 设计一个响应式三农产品展示页面。

任务描述如下。

（1）设计一个响应式三农产品展示页面，页面最大宽度为max-width: 768px。

（2）导航栏高度为100像素，设置适当的背景色和内边距，设计"三农产品展示"标题左对齐，使用适当的大字号，文字颜色为黑色。

（3）"粮食类产品"内容区域设置适当的背景色和内边距，自行添加粮食类产品图片信息。

（4）"蔬菜类产品"内容区域设置适当的背景色和内边距，自行添加蔬菜类产品图片信息。

（5）底部背景色与导航栏相同，设置适当的内边距，水平居中，使用适当的小字号，文字颜色为白色，自行添加版权信息、超链接等内容。

（6）响应式三农产品展示页面运行效果如图3-18所示。

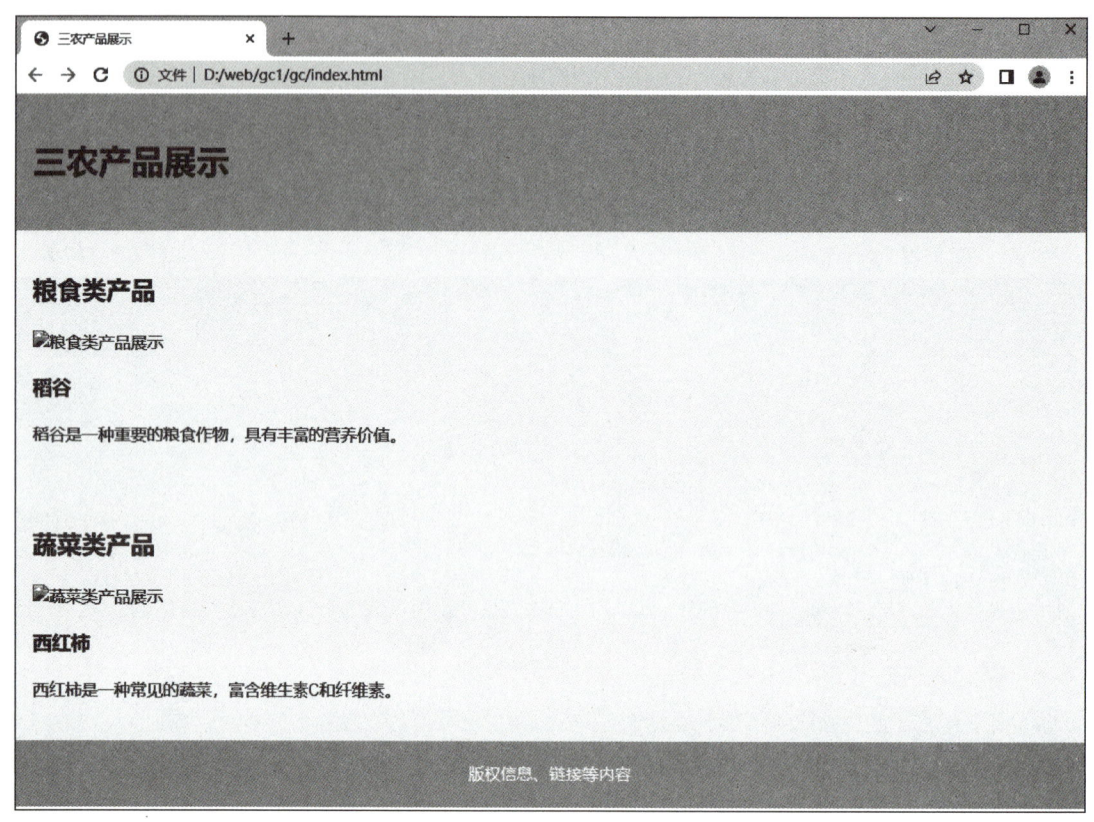

图 3-18 响应式三农产品展示页面运行效果

三、编程题

观察页面运行效果和页面功能说明，在代码空白处填上适当的代码，确保页面运行后达到预期的效果。

1. 现有"2035 年"页面，其运行效果如图 3-19 所示。

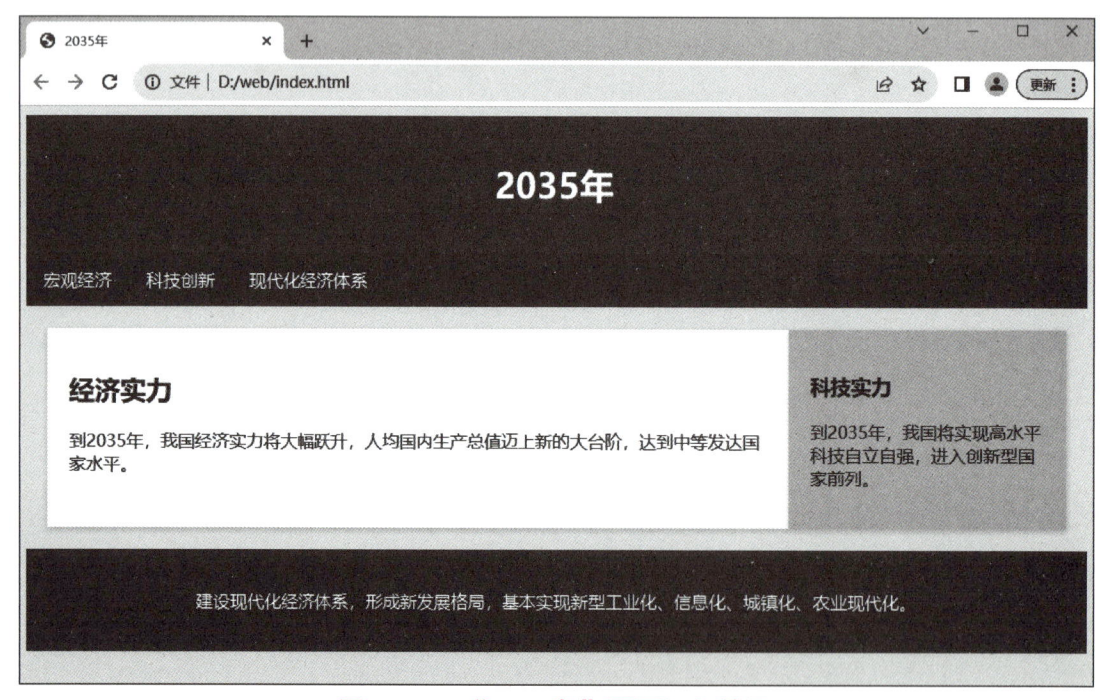

图 3-19 "2035 年"页面运行效果

页面功能说明如下。

（1）指定文档类型为 HTML5。

（2）将所有元素的外边距和内边距设置为 0 像素，清除默认的边距和内边距。

（3）定义整个页面的样式。设置背景色为 #f1f1f1。

（4）定义页眉区域的样式。设置背景色为 #ec0000，文字颜色为 #fff，内边距为 20 像素，文本居中显示。

（5）定义导航栏的样式。设置背景色为 #ce0000，隐藏溢出内容。

（6）定义导航栏中的超链接样式。设置浮动为左侧，文字颜色为 #fff，内边距为 14 像素和 16 像素，去除文本装饰。

（7）定义鼠标悬停在导航栏中超链接上时的样式。设置背景色为 #d40d11，文字颜色为 #333。

（8）定义主要内容区域的样式。设置内边距为 20 像素，使用弹性布局，并自动换行。

（9）定义文章区域的样式。设置占据父容器的 3/4 宽度，背景色为 #fff，内边距为 20 像素，添加一个阴影效果。

（10）定义侧边栏的样式。设置占据父容器的 1/4 宽度，背景色为 #ddd，内边距为 20 像素，添加一个阴影效果。

（11）定义页脚区域的样式。设置背景色为 #ce0000，文字颜色为 #fff，内边距为 20 像素，文本居中显示。

页面代码如下。

```
<!DOCTYPE html>
<html>
    <head>
        <title>2035年</title>
        <style type="  【1】  ">
            　【2】　{
                margin:0;
                　【3】　:0;
            }

            body{
                　【4】　:#f1f1f1;
            }

            .header{
                background-color:#ec0000;
                color:#fff;
                padding:20px;
                　【5】　:center;
            }
```

```
.navbar{
    background-color:#ce0000;
    【6】:hidden;
}

.navbar a{
    【7】:left;
    color:#fff;
    text-align:center;
    padding:14px 16px;
    【8】:none;
}

.navbar a:【9】{
    【10】:#d40d11;
    color:#333;
}

.main{
    padding:20px;
    【11】:flex;
    【12】:wrap;
}

.article{
    【13】:3;
    background-color:#fff;
    padding:20px;
    box-shadow:0 2px 5px rgba(0,0,0,0.1);
}

.sidebar{
    【14】:1;
    background-color:#ddd;
    padding:20px;
    【15】:0 2px 5px rgba(0,0,0,0.1);
}

.footer{
    background-color:#ce0000;
    color:#fff;
    【16】:20px;
    text-align:【17】;
}
    </style>
</head>
<body>
    <header class="header">
        <h1>2035年</ 【18】 >
```

```
        </header>
        <nav class="navbar">
            <a   【19】  >宏观经济</a>
            <a href="#">科技创新</a>
            <a href="#">现代化经济体系</a>
        </nav>
        <main class="main">
            <article class="article">
                <h2>经济实力</h2>
                <p>到2035年,我国经济实力将大幅跃升,人均国内生产总值迈上新的大台阶,达到中等发达国家水平。</p>
            </article>

            <aside class="sidebar">
                <h3>科技实力</h3>
                <p>到2035年,我国将实现高水平科技自立自强,进入创新型国家前列。</p>
            </aside>
        </main>
        <  【20】  class="footer">
            <p>建设现代化经济体系,形成新发展格局,基本实现新型工业化、信息化、城镇化、农业现代化。</p>
        </footer>
    </body>
</html>
```

2. 现有"农业强国建设"页面,其运行效果如图 3-20 所示。

图 3-20 "农业强国建设"页面运行效果

页面功能说明如下。

（1）指定文档类型为 HTML5。

（2）设置页面的边距、内边距和背景色。

（3）设置页面顶部的导航栏样式，包括背景色、文字颜色、内边距等，并将导航栏固定在页面顶部。

（4）设置导航栏中的无序列表样式，将列表项水平排列并使其自动换行。

（5）设置导航栏中每个列表项之间的左、右边距。

（6）设置导航栏中的超链接样式，包括文字颜色、文本装饰、内边距等，以及超链接的过渡效果。

（7）设置鼠标悬停在导航栏超链接上时的样式，包括背景色和文字颜色。

（8）定义一个类名为 hero 的元素样式，用于页面顶部的主要内容区域。

（9）定义一个类名为 container 的元素样式，用于包裹页面中的卡片内容。

（10）定义一个类名为 card 的元素样式，用于设置卡片的样式，包括背景色、阴影、边距等。

（11）设置在屏幕宽度达到或超过 768 像素时应用的样式，包括 hero 元素的高度、container 元素的布局以及 card 元素之间的边距。

（12）设置在屏幕宽度达到或超过 992 像素时应用的样式，包括 hero 元素的高度以及 card 元素之间的边距。

（13）设置在屏幕宽度达到或超过 1 200 像素时应用的样式，包括 hero 元素的高度。

页面代码如下。

```
<  【1】   html>
<html lang="en">
    <head>
        <  【2】   charset="UTF-8">
        <title>农业强国建设</title>
        <style   【3】  ="text/css">
            body{
                 【4】  :0;
                padding:0;
                 【5】  r:#f3f3f3;
            }

            header{
                background-color:#ffa500;
                 【6】  :#fff;
                padding:20px;
                 【7】  :sticky;
                top:0;
                 【8】  :999;
            }
```

```css
nav{
    display:　【9】　;
    align-items:center;
    justify-content:　【10】　;
}

nav ul{
    margin:0;
    padding:0;
    list-style:none;
    display:flex;
    　【11】　:wrap;
}

nav ul li{
    　【12】　:0 10px;
}

nav ul li a{
    color:#fff;
    text-decoration:　【13】　;
    padding:10px;
    　【14】　:block;
    transition:all 0.3s ease-out;
}

nav ul li a:hover{
    background-color:#fff;
    color:#333;
}

.hero{
    　【15】　:30vh;
    display:flex;
    align-items:center;
    justify-content:center;
    flex-direction:column;
    text-align:　【16】　;
    color:#f00;
}

.hero h1{
    font-size:3rem;
    margin:0;
    line-height:1;
}

.hero p{
    font-size:1.5rem;
```

```css
        margin:10px 0 0;
}

.container{
    width:90%;
    background-color:#ffa500;
    max-width:1400px;
    margin:0 auto;
    padding:20px;
    display:flex;
    flex-wrap:wrap;
    align-items:stretch;
    justify-content:center;
}

.card{
    background-color:#fff;
    box-shadow:0px 4px 8px rgba(0,0,0,0.1);
    margin:20px;
    border-radius:10px;
    【17】:hidden;
    flex:1 0 300px;
    max-width:300px;
    transition:all 0.3s ease-out;
}

.card: 【18】 {
    transform:translateY(-10px);
    box-shadow:0px 4px 10px rgba(0,0,0,0.2);
}

.card h2{
    font-size:1.5rem;
    margin:10px;
    line-height:1;
}

.card p{
    font-size:1rem;
    margin:10px;
    line-height:1.5;
}

 【19】  screen and (min-width:768px){
    .hero{
        height:25vh;
    }

    .container{
```

```
                flex-wrap:wrap;
            }

            .card{
                margin:20px 10px;
            }
        }

        @media screen and (min-width:992px){
            .hero{
                height:30vh;
            }

            .card{
                margin:20px;
            }
        }

        @media screen and ( 【20】 :1200px){
            .hero{
                height:40vh;
            }
        }
    </style>
</head>
<body>
    <header>
        <nav>
            <h2>农业强国建设网站</h2>
            <ul>
                <li><a href="#">首页</a></li>
                <li><a href="#">产业振兴</a></li>
                <li><a href="#">人才培养</a></li>
                <li><a href="#">文化传承</a></li>
                <li><a href="#">生态保护</a></li>
                <li><a href="#">组织改革</a></li>
            </ul>
        </nav>
    </header>
    <section class="hero">
        <h1>加快建设农业强国</h1>
        <p>夯实粮食安全根基,推动乡村振兴</p>
    </section>
    <div class="container">
        <div class="card">
            <h2>产业振兴</h2>
            <p>推动乡村产业发展</p>
        </div>
        <div class="card">
```

```
            <h2>人才培养</h2>
            <p>加强农村人才培养</p>
        </div>
        <div class="card">
            <h2>文化传承</h2>
            <p>保护和传承农村文化</p>
        </div>
        <div class="card">
            <h2>生态保护</h2>
            <p>加强农业生态环境保护</p>
        </div>
    </div>
  </body>
</html>
```

项目四 JavaScript基础设计

项目导读

党的二十大报告提道:"必须坚持科技是第一生产力、人才是第一资源、创新是第一动力,深入实施科教兴国战略、人才强国战略、创新驱动发展战略,开辟发展新领域新赛道,不断塑造发展新动能新优势。"JavaScript是一项与网页设计密切相关的技术,作为前端开发的核心技术之一,JavaScript将使学生具备开发交互式和响应式页面的能力,并为成为优秀的前端开发人员打下基础。

JavaScript是一门广泛应用于Web开发的脚本语言,它通过在浏览器中执行代码来动态地修改HTML和CSS,实现丰富多彩的用户交互效果和动态内容。同时,JavaScript还可以在服务器端运行,实现后台逻辑处理等功能。

初学JavaScript网页设计,需要掌握以下几项基础技能。

(1)语法基础:JavaScript的语法基础包括变量、数据类型、运算符、流程控制语句等内容,这些都是编写JavaScript程序的基础。

(2)函数与数组:JavaScript支持函数与数组,掌握它们能够更加高效地编写复杂的程序。

(3)对象和面向对象编程:JavaScript是一门面向对象的语言,JavaScript中的对象和类是实现面向对象编程的核心。

掌握上述JavaScript基础设计内容,有助于理解和应用JavaScript,从而提高Web开发效率并创造更好的用户体验。

本项目以系列JavaScript案例为学习任务,在任务效果的引领下,使学生有效学习和掌握JavaScript变量定义、标签拾取、标签样式更改等技能知识。

技能目标

(1)掌握JavaScript变量定义、标签获取等语句的应用。

(2)掌握JavaScript事件的绑定和函数的定义与基本应用。

(3)掌握JavaScript改变标签样式的技能。

素质目标

（1）以常见的作品效果激发学生的学习兴趣。
（2）以精简的语句培养学生精益求精的工匠精神。

任务一　变量的控制与显示

知识准备

变量的控制与显示

1. document 对象

document 是 JavaScript 中的一个内置对象，它代表当前 HTML 文档。通过 document 对象，可以操作和访问 HTML 文档的各个部分，包括元素、样式、事件等。

常见的 document 对象的用法如下。

1）获取元素

使用 document.getElementById( ) 方法根据元素的 ID 获取对应的元素对象。

例如：

```
const element=document.getElementById('element-id');
```

2）查询元素

使用 document.querySelector( ) 方法可以根据选择器获取匹配的第一个元素对象。

例如：

```
const element=document.querySelector('.element-class');
```

3）修改内容

使用 element.innerHTML 属性可以获取或设置元素的 HTML 内容。

例如：

```
const element=document.getElementById('element-id');
console.log(element.innerHTML);    // 获取元素的HTML 内容
element.innerHTML='<p>New content</p>';   // 设置元素的HTML 内容
```

4）修改样式

使用 element.style 属性可以修改元素的 CSS 样式。

例如：

```
const element=document.getElementById('element-id');
```

```
element.style.color='red';    // 修改元素的文本颜色为红色
```

5）添加事件监听器

使用 element.addEventListener( ) 方法可以为元素添加事件监听器，响应特定事件的触发。

例如：

```
const element=document.getElementById('element-id');
element.addEventListener('click',function(){
  console.log('Element clicked!');
});
```

以上只是 document 对象的一些常见用法示例，document 对象提供了丰富的方法和属性，用于操作 HTML 文档。

2. 事件

在 JavaScript 中，事件是指与网页交互或用户操作相关的行为或动作。通过使用事件，可以对用户在网页上的操作进行响应并执行相应的代码。

常见的 JavaScript 事件如下。

1）单击事件（click）

当用户单击一个元素（ID 名为 myButton 的元素）时触发单击事件。

例如：

```
document.getElementById("myButton").addEventListener("click",function(){
  // 执行单击事件的代码
});
```

2）鼠标移入/移出事件（mouseover/mouseout）

mouseover 事件在鼠标指针移动到一个元素上方时触发。mouseout 事件在鼠标指针移出一个元素时触发。

当鼠标移动到一个元素上方或离开一个元素（id 名为 myElement 的元素）时触发鼠标移入/移出事件。

例如：

```
document.getElementById("myElement").addEventListener("mouseover",function(){
  // 鼠标进入元素的代码
});

document.getElementById("myElement").addEventListener("mouseout",function(){
  // 鼠标离开元素的代码
});
```

3）键盘事件（keydown/keyup）

keydown 事件在用户按下键盘上的一个按键时触发。keyup 事件在用户释放键盘上的一个按键时触发。

当用户按下或释放键盘上的一个按键时触发键盘按键。

例如：

```
document.addEventListener("keydown",function(event){
    // 按下键盘上的一个按键的代码
});

document.addEventListener("keyup",function(event){
    // 释放键盘上的一个按键的代码
});
```

4）表单事件（submit/change）

submit 是 JavaScript 事件中的一种，当用户提交表单时触发。submit 事件通常与 form 元素相关联，并且在用户单击"提交"按钮或者按下 Enter 键时触发。

change 指当用户对表单元素的值进行改变并且失去焦点时触发。change 事件通常与 input、select 和 textarea 等表单元素关联。

change 事件一般会在以下情况下触发。

（1）当输入框的值改变并且失去焦点时。

（2）当复选框或单选按钮的选中状态改变时。

（3）当下拉列表中的选中项改变时。

（4）当文本域的文本内容改变并且失去焦点时。

但是，并不是所有类型的表单元素都支持 change 事件。例如，button 元素不会触发 change 事件。另外，某些浏览器对于某些特定的交互行为的反应可能有所不同，因此在使用 change 事件时需要注意跨浏览器兼容性。

当用户提交表单或改变表单元素的值时触发表单事件。

例如：

```
document.getElementById("myForm").addEventListener("submit",function(event){
    event.preventDefault(); // 阻止表单提交
    // 处理表单提交的代码
});

document.getElementById("myInput").addEventListener("change",function(){
    // 输入框内容改变时的代码
});
```

实际上还有更多种类的事件可供使用。通过使用事件处理函数来监听和响应这些事件，可以使网页与用户的交互更加丰富和动态。

任务描述

（1）设置"变量的控制与显示"标题。

（2）设置"单击增加！"按钮，按钮设置背景色、前景色、圆角效果。

（3）鼠标悬停在按钮处时，按钮的背景色和前景色发生变化，鼠标指针为手指形。

（4）当单击按钮时，变量数值增加，并实时显示变量。

（5）实现变量的控制与显示效果，如图 4-1 所示。

图 4-1　变量的控制与显示效果

实现步骤

（1）启动 HBuilderX 软件，创建一个"普通项目"的"基本 HTML 项目"模板，在"css"目录中创建 mycss.css 文件，编辑 index.html 文件，如图 4-2 所示。

```html
<!DOCTYPE html>
<html>
<head>
    <meta charset="UTF-8">
    <title>变量的控制与显示</title>
    <link rel="stylesheet" type="text/css" href="css/mycss.css"/>
</head>
<body>
    <div>
        <h1>变量的控制与显示</h1>
        <button id="btn">单击增加!</button>
        <p class="count" id="count">0</p>
    </div>
    <script>
        const vbtn = document.getElementById('btn');
        const count = document.getElementById('count');
        let counter = 0;
        vbtn.addEventListener('click', () => {
            counter++;
            count.textContent = counter;
        });
    </script>
</body>
</html>
```

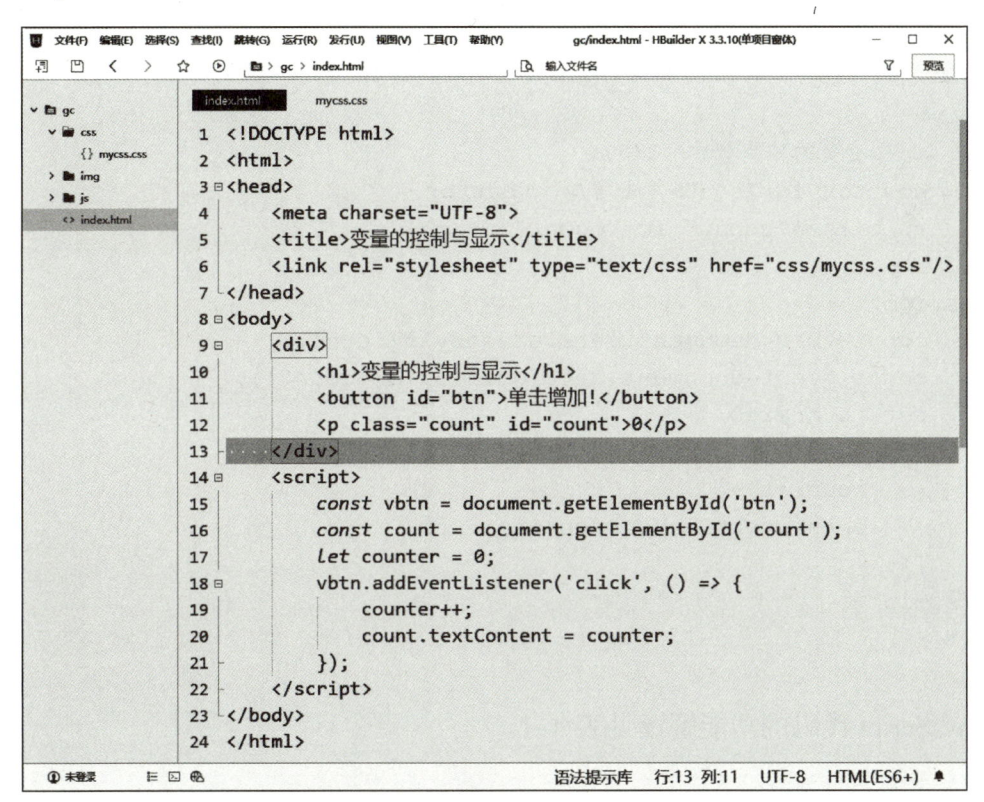

图 4-2　编辑 index.html 文件

> **知识链接**
>
> document.getElementById( ) 是 JavaScript 中获取指定元素的方法之一。这个方法可以通过 id 属性来获取网页中对应的 HTML 元素。
>
> 例如：
>
> `<button id="btn">确定</button>`
>
> 通过 JavaScript 来获取这个元素的 JavaScript 语句：
>
> `const btn=document.getElementById('btn');`
>
> 上述代码会将 button 元素赋给 btn 变量。获取元素后，就可以通过 JavaScript 的其他方法对其进行操作，例如添加事件监听器、修改样式等。
>
> getElementById( ) 方法只会返回一个元素，即使有多个元素具有相同的 ID，也只会返回第一个匹配的元素。如果要获取多个元素，可以使用其他方法，例如 querySelectorAll( ) 方法。

（2）index.html 文件的代码。

```html
<!DOCTYPE html>
<html>
<head>
    <meta charset="UTF-8">
    <title>变量的控制与显示</title>
    <link rel="stylesheet" type="text/css" href="css/mycss.css"/>
</head>
<body>
    <div>
        <h1>变量的控制与显示</h1>
        <button id="btn">单击增加!</button>
        <p class="count" id="count">0</p>
    </div>
    <script>
        const vbtn=document.getElementById('btn');
        const count=document.getElementById('count');
        let counter=0;
        vbtn.addEventListener('click',()=>{
            counter++;
            count.textContent=counter;
        });
    </script>
</body>
</html>
```

部分 JavaScript 代码的功能解读见表 4-1。

表 4-1　部分 JavaScript 代码的功能解读

```
<script>//定义 JavaScript 脚本的HTML元素 <script>标签，是<script>标签的开始。
    const vbtn=document.getElementById('btn');//获取id为btn的元素，赋给变量vbtn。
    const count=document.getElementById('count');//获取id为count的元素，赋给变量count。
    let counter=0;//定义变量counter，初始化值为0。
    vbtn.addEventListener('click',()=>{//当监听到vbtn产生click（被单击）事件时执行。
        counter++;//变量counter增加1。
        count.textContent=counter;//变量counter显示在count指定的元素页面上。
    });
</script>//<script>标签的结束写成</script>。
```

（3）mycss.css 文件的代码如下。

```
body{
    font-family:Arial,sans-serif;
    background-color:#f3f3f3;
    display:flex;
    align-items:center;
    justify-content:center;
    height:100vh;
}
button{
    padding:10px 20px;
    background-color:#00aa7f;
    color:#fff;
    border:none;
    border-radius:5px;
    font-size:1.5rem;
    cursor:pointer;
    transition:all 0.3s ease-out;
}
button:hover{
    background-color:#55aaff;
    color:#ffff00;
}
h1{
    font-size:4rem;
    margin:0;
    color:#333;
}
.count{
    font-size:8rem;
    margin:20px 0;
    color:#333;
}
```

（4）在浏览器中运行 index.html 文件，鼠标悬停在按钮处时，按钮的背景色和前景色发生变化，鼠标指针为手指形；单击按钮时，数字增加 1，并更新显示在页面中。

任务二　网页背景色控制

知识准备

网页背景色控制

1. const 关键字

在 JavaScript 中，const 是一个用于声明常量的关键字。使用 const 关键字声明的变量是一个只读的常量，一旦被赋值就无法修改其值。

const 关键字的特点和用法如下。

1）声明常量

可以使用 const 关键字来声明常量。

例如：

```
const PI=3.14159;
```

2）常量命名规则

与变量不同，常量的命名通常使用大写字母和下划线组合（例如 MAX_VALUE）来表示其特殊性和不可变性。

3）只读特性

一旦常量被赋值，其值就不能被修改。尝试修改一个常量的值将导致错误。

4）块级作用域

使用 const 关键字声明的常量具有块级作用域，它们仅在声明它们的块（例如函数、循环或条件语句）内部可见。

5）对象冻结

使用 const 关键字声明的对象可以修改其属性的值，但无法重新赋值整个对象。

2. var 关键字

在 JavaScript 中，var 是用于声明变量的关键字。使用 var 关键字声明的变量具有函数作用域或者全局作用域，具体取决于变量的声明位置。

var 关键字的特点和用法如下。

1）声明变量

可以使用 var 关键字声明一个变量。

例如：

```
var age=30;//声明变量名为age,并赋值30
```

2）函数作用域

使用 var 关键字声明的变量具有函数级作用域，它们在声明它们的函数内部可见。如果在函数内部声明 var 变量，则该变量对整个函数内部可见。

例如：

```
function myFunction(){
  var n=100;
  console.log(n);   //可以访问变量
}

console.log(n);   // 无法访问变量，会导致错误
```

3）变量提升

使用 var 关键字声明的变量会被提升到其作用域的顶部。这意味着可以在变量声明之前访问它们。

例如：

```
console.log(age);    // 输出 undefined,虽然在之前没有被声明，但不会出错，但要注意所得
到的值可能不是预期的值
var age=30;
console.log(age);    // 能正确输出,age 已经被声明并被赋值30
```

4）重复声明

在同一个作用域中，可以使用 var 关键字重复声明同名的变量而不会导致错误。后续的声明会覆盖前面的声明。

例如：

```
var age=30;
var age=40; // 正确，重复声明同名变量，后者覆盖前者
console.log(age);   // 输出40
```

5）全局作用域

如果在任何函数之外声明一个变量，则该变量具有全局作用域，在整个 JavaScript 文件中可见。

例如：

```
var n=100;
function myFunction(){
  console.log(n);   //可以访问全局变量
}
```

var 关键字用于声明变量，在较早版本的 JavaScript 中是唯一的声明关键字。但是，它存

在一些特殊行为和问题，因此在现代JavaScript中更推荐使用let和const关键字声明变量，以充分利用块级作用域和避免一些潜在的问题。

3. let 关键字

在JavaScript中，let是用来声明变量的关键字。相比于var关键字，使用let关键字声明的变量存在块级作用域，并且不会造成变量提升的问题。

let关键字的特点和用法如下。

1）声明变量

可以使用let关键字声明一个变量。

例如：

```
let age=30;    //声明变量名为age，并赋值30
```

2）块级作用域

使用let关键字声明的变量具有块级作用域，它们只在声明它们的块（如函数、循环或条件语句）内部可见。

例如：

```
function myFunction(){
  if (true){
    let n=100;
    console.log(n);    //可以访问变量
  }
  console.log(n);    // 无法访问变量，会报错
}
```

3）变量提升

使用let关键字声明的变量不会像使用var关键字声明的变量一样被提升到它们作用域的顶部。这意味着在声明变量之前访问变量会导致错误。

例如：

```
console.log(age);    //会导致错误，age尚未被声明

let age=30;
console.log(age);    // 正确，age已经在"let age=30"语句中被声明并被赋值30
```

4）重复声明

在同一作用域中使用let关键字重复声明同名变量会导致错误。

例如：

```javascript
let age=30;
let age=40; // 会导致错误，重复声明同名变量，在"let age=30"语句中已声明age变量
```

5）循环中的用法

使用let关键字在循环中声明的变量在每次迭代时都会创建一个新的绑定。这使得在循

环内部创建闭包更容易管理。

例如：

```
for (let i=0; i < 5; i++){
  setTimeout(function(){
    console.log(i);    // 输出0,1,2,3,4
  },500);
}
```

总之，let 关键字用于声明块级作用域的变量，在大多数情况下建议使用 let 关键字代替 var 关键字。通过使用 let 关键字，可以更好地控制变量的作用域和可见性。

任务描述

（1）当鼠标悬停在"切换"按钮处时，按钮背景色发生变化。

（2）单击"切换"按钮，网页背景色变为灰色，文字颜色变为白色。

（3）再单击"切换"按钮，网页背景色变为白色，文字颜色变为灰色。

（4）实现网页背景色控制效果，如图 4-3 所示。

图 4-3　实现网页背景色控制效果

实现步骤

（1）启动 HBuilderX 软件，创建一个"普通项目"的"基本 HTML 项目"模板，在"css"目录中创建 mycss.css 文件，编辑 index.html 文件，如图 4-4 所示。

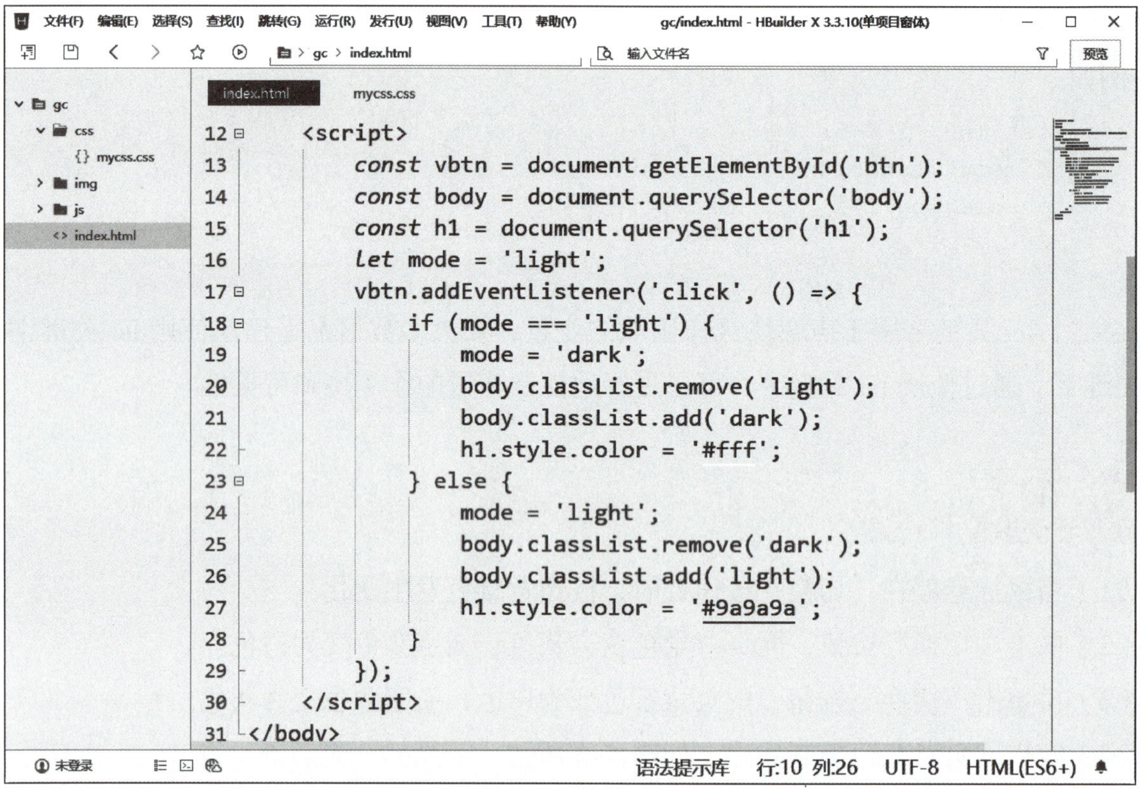

图 4-4　编辑 index.html 文件

知识链接

document.querySelector( ) 是 JavaScript 中用来查询文档中符合指定选择器的第一个元素的方法。

选择器可以是任何 CSS 选择器，包括元素选择器、类选择器、ID 选择器、属性选择器、伪类选择器等。

例如：文档中存在以下元素。

```
<div id="box">
    <h1 class="txt">业务部</h1>
    <h1 class="txt">生产部</h1>
</div>
```

以下 JavaScript 代码可以获取该文档中符合指定选择器条件（class 名为"txt"）的第一个元素。

```
const intro=document.querySelector('.txt');
```

在上述代码中，document.querySelector( ) 方法将 .txt 选择器作为参数传递给它，从而获取所有类名为 intro 的元素中的第一个，即 h1 元素，并将其赋给 intro 变量。需要注意的是，如果没有符合选择器条件的元素，则返回 null。

（2）index.html 文件的代码如下。

```html
<!DOCTYPE html>
<html>
<head>
    <title>网页背景色控制</title>
    <link rel='stylesheet' type='text/css' href='css/mycss.css'/>
</head>
<body class='light'>
    <div class='container'>
        <h1>网页背景色控制</h1>
        <button id='btn'>切换</button>
    </div>
    <script>
        const vbtn=document.getElementById('btn');
        const body=document.querySelector('body');
        const h1=document.querySelector('h1');
        let mode='light';
        vbtn.addEventListener('click',()=>{
            if (mode==='light'){
                mode='dark';
                body.classList.remove('light');
                body.classList.add('dark');
                h1.style.color='#fff';
            } else{
                mode='light';
                body.classList.remove('dark');
                body.classList.add('light');
                h1.style.color='#9a9a9a';
            }
        });
    </script>
</body>
</html>
```

部分 JavaScript 代码的功能说明见表 4-2。

表 4-2 部分 JavaScript 代码的功能解读

```
if (mode==='light'){//mode 的值完全等于 light 时
    mode='dark';// 字符串 "dark" 赋给变量 mode
    body.classList.remove('light');// 移除 <body> 标签的 light 类名
    body.classList.add('dark');// 为 <body> 标签添加的 darkt 类名
    h1.style.color='#fff';// 将 <h1> 标签的前景色设置为 #fff（白色）
} else{// 不成立时
    mode='light';// 字符串 "light" 赋给变量 mode
    body.classList.remove('dark');// 移除 <body> 标签的 dark 类名
    body.classList.add('light');// 为 <body> 标签添加的 light 类名
    h1.style.color='#9a9a9a';// 将 <h1> 标签的前景色设置为 #9a9a9a
}
```

（3）mycss.css 文件的代码如下。

```css
body{
    font-family:Arial,sans-serif;
    display:flex;
    align-items:center;
    justify-content:center;
    height:100vh;
    margin:0;
    padding:0;
    transition:all 0.3s ease-out;
}
.container{
    display:flex;
    flex-direction:column;
    align-items:center;
    justify-content:center;
}
h1{
    font-size:4rem;
    margin:0;
    color:#333;
    transition:all 0.3s ease-out;
}
button{
    padding:10px 20px;
    background-color:#333;
    color:#fff;
    border:none;
    border-radius:5px;
    font-size:1.5rem;
    cursor:pointer;
    transition:all 0.3s ease-out;
}
button:hover{
    background-color:#ff55ff;
    color:#333;
}
.light{
    background-color:#f3f3f3;
}
.dark{
    background-color:#9a9a9a;
    color:#fff;
}
```

（4）在浏览器中运行 index.html 文件，当鼠标悬停在"切换"按钮处时，按钮背景色发生变化；单击"切换"按钮时，网页背景色和字体前景色按预期要求进行效果切换。

任务三 标签字号获取与控制

知识准备

1. console.log( ) 方法

console.log( ) 是 JavaScript 中的一个方法，用于在浏览器的控制台中输出信息。

使用 console.log( ) 方法可以打印各种类型的数据，包括字符串、数字、布尔值、对象等。例如：

```
console.log(199); // 打印数字
console.log("Hello,world!"); // 打印字符串
console.log(true); // 打印布尔值
console.log({ username:"u11",userpw:"123456"}); // 打印对象
const x=10;
console.log(x); // 打印变量x的值
const y=5;
console.log(x + y); // 打印表达式x + y的值
```

2. 浏览器的控制台

浏览器的控制台是一种开发者工具，可以帮助开发者调试和修改网站或应用程序。在大多数现代浏览器中，都可以通过按 F12 键或用鼠标右键单击页面并选择"检查"或"开发者工具"选项来打开控制台。

控制台提供了以下功能。

1) 调试 JavaScript 代码

在控制台中可以查看 JavaScript 的调用堆栈 (stack trace)、设置断点以及单步执行代码等。

2) 查看网络请求

控制台可以显示所有的网络请求以及它们的响应，包括网页本身、脚本、样式表、图像和其他资源。

3) 分析性能

控制台可以提供有关网站性能的信息，例如加载时间、资源大小以及其他可优化的方面。

4) 查看 DOM 元素

控制台可以提供与当前元素相关的属性和样式，甚至可以让开发者对 DOM 树进行操作。

5）输出调试信息

通过 console.log( ) 方法在控制台中输出调试信息，方便开发者查看和排查问题。

在浏览器中打开开发者工具（一般是按 F12 键），切换到"控制台"或"Console"标签，在这里可以看到 console.log( ) 方法输出的内容。

console.log( ) 方法在开发过程中常用于调试和输出程序执行过程中的信息，方便开发者查看和排查问题。在开发完成后，为了避免信息泄露或影响性能，建议删除或注释掉所有的 console.log( ) 方法调用。

浏览器的控制台是 Web 开发中非常重要的一个工具，它可以帮助开发者快速排查问题，提高开发效率。

任务描述

（1）单击"变大"按钮，字体尺寸增大。

（2）单击"变小"按钮，字体尺寸减小。

（3）当鼠标悬停在"变大""变小"按钮处时，按钮背景色和文字颜色发生变化。

（4）实现标签字号获取与控制效果，如图 4-5 所示。

图 4-5 实现标签字号获取与控制效果

实现步骤

（1）启动 HBuilderX 软件，创建一个"普通项目"的"基本 HTML 项目"模板，在"css"目录中创建 mycss.css 文件，编辑 index.html 文件，如图 4-6 所示。

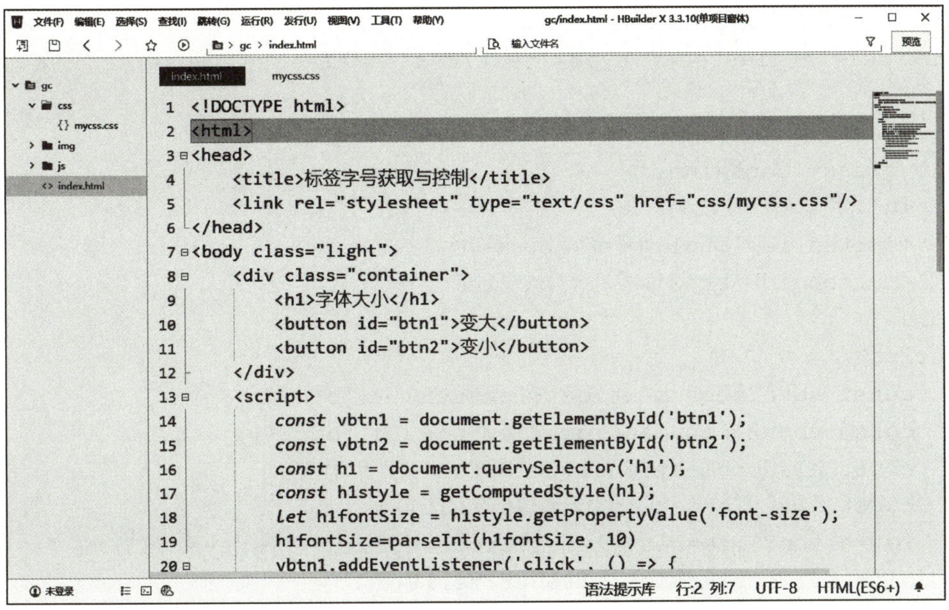

图 4-6　编辑 index.html 文件

> **知识链接**

addEventListener( ) 是 JavaScript 中用来为元素注册事件监听器的方法。

具体来说，该方法可以在指定的元素上添加一个事件监听器，当特定类型的事件发生在该元素上时，会调用相应的事件处理函数。

例如：

```
<button id="btn">确定</button>
```

为 `<button id="myButton">` 元素添加单击事件监听器的 JavaScript 代码如下。

```
const button=document.getElementById('btn');
button.addEventListener('click',function(){
    console.log('确定按钮被单击了');
});
```

在上述代码中，首先使用 document.getElementById( ) 方法获取 ID 为 btn 的 `<button>` 元素，并将其赋给 button 变量。接着使用 addEventListener( ) 方法为该元素添加一个单击事件监听器，当用户单击该按钮时，会执行语句 "console.log('确定按钮被单击了')"。

其中，以下函数是一个匿名函数。

```
function(){
    console.log('确定按钮被单击了');
})
```

（2）文件 index.html 的代码如下。

```
<!DOCTYPE html>
<html>
<head>
```

```html
        <title>标签字号获取与控制</title>
        <link rel='stylesheet' type='text/css' href='css/mycss.css'/>
    </head>
    <body class='light'>
        <div class='container'>
            <h1>字体大小</h1>
            <button id='btn1'>变大</button>
            <button id='btn2'>变小</button>
        </div>
        <script>
            const vbtn1=document.getElementById('btn1');
            const vbtn2=document.getElementById('btn2');
            const h1=document.querySelector('h1');
            const h1style=getComputedStyle(h1);
            let h1fontSize=h1style.getPropertyValue('font-size');
            h1fontSize=parseInt(h1fontSize,10)
            vbtn1.addEventListener('click',()=>{
              h1fontSize=h1fontSize+2;
              h1.style.fontSize=h1fontSize+'px';
              console.log(h1fontSize)
            });
            vbtn2.addEventListener('click',()=>{
              h1fontSize=h1fontSize-2;
              h1.style.fontSize=h1fontSize+'px';
              console.log(h1fontSize)
            });
        </script>
    </body>
</html>
```

部分 JavaScript 代码的功能解读见表 4-3。

表 4-3　部分 JavaScript 代码的功能解读

```
const vbtn1=document.getElementById('btn1');// 获取 ID 为 btn1 的元素，赋给变量 vbtn1
const vbtn2=document.getElementById('btn2');// 获取 ID 为 btn2 的元素，赋给变量 vbtn2
const h1=document.querySelector('h1');// 获取 h1 元素，赋给变量 h1
const h1style=getComputedStyle(h1);// 获取 h1 的样式
let h1fontSize=h1style.getPropertyValue('font-size');// 获取对象 font-size 样式的值
h1fontSize=parseInt(h1fontSize,10)// 将 h1fontSize 这个字符串转换为一个十进制整数
vbtn1.addEventListener('click',()=>{// 监听 vbtn1 的 click 事件
    h1fontSize=h1fontSize+2;// 变量增加 2
    h1.style.fontSize=h1fontSize+"px";// 设置样式 fontSize 的值
    console.log(h1fontSize)// 在控制台输出变量 h1fontSize 的值，用于调试变量，完成调试后可以删除
});
vbtn2.addEventListener('click',()=>{// 监听 vbtn2 的 click 事件
    h1fontSize=h1fontSize-2;// 变量减少 2
    h1.style.fontSize=h1fontSize+"px";// 设置样式 fontSize 的值
    console.log(h1fontSize)// 在控制台输出变量 h1fontSize 的值，完成调试后可以删除
});
```

（3）mycss.css 文件的代码如下。

```css
body{
    font-family:Arial,sans-serif;
    display:flex;
    align-items:center;
    justify-content:center;
    height:70vh;
    margin:0;
    padding:0;
    transition:all 0.3s ease-out;
}
.container{
    display:flex;
    flex-direction:column;
    align-items:center;
    justify-content:center;
}
h1{
    font-size:4rem;
    margin:0;
    color:#333;
    transition:all 0.3s ease-out;
}
button{
    padding:10px 20px;
    background-color:#ffaa7f;
    color:#fff;
    border:none;
    border-radius:5px;
    font-size:1.5rem;
    cursor:pointer;
    transition:all 0.3s ease-out;
    margin:10px;
}
button:hover{
    background-color:#fade79;
    color:#333;
}
```

（4）在浏览器中运行 index.html 文件，当鼠标悬停在"变大""变小"按钮处时，按钮背景色和文字颜色发生变化；单击"变小""变大"按钮时，文字尺寸相应变化。

任务四 标签宽度的控制

知识准备

要使用 JavaScript 更改 HTML 标签的宽度，可以使用 style.width 属性。

例 4.4.1：设置标签宽度为 500 像素。代码如下。

```
const myElement=document.getElementById("myElement");
myElement.style.width="500px";
```

要更改的对象标签的 ID 为"myElement"，使用代码将其宽度设置为 500 像素。

例 4.4.2：将标签宽度增加 50 像素。代码如下。

```
myElement.style.width=(myElement.offsetWidth + 50) + "px";
```

例 4.4.3：将标签宽度减少 20%（设置为原来的 0.8）。代码如下。

```
myElement.style.width=(myElement.offsetWidth * 0.8) + "px";
```

通过访问 style.width 属性并将新的值分配给它来更改标签的宽度。确保在操作标签之前已经获取对应的 HTML 元素，并确保在执行 JavaScript 代码时，该元素已经被加载和解析。

任务描述

（1）单击"变大"按钮，区域的宽度增大。

（2）单击"变小"按钮，区域的宽度减小。

（3）当鼠标悬停在"变大""变小"按钮处时，按钮背景色和文字颜色发生变化。

（4）实现标签宽度的控制效果，如图 4-7 所示。

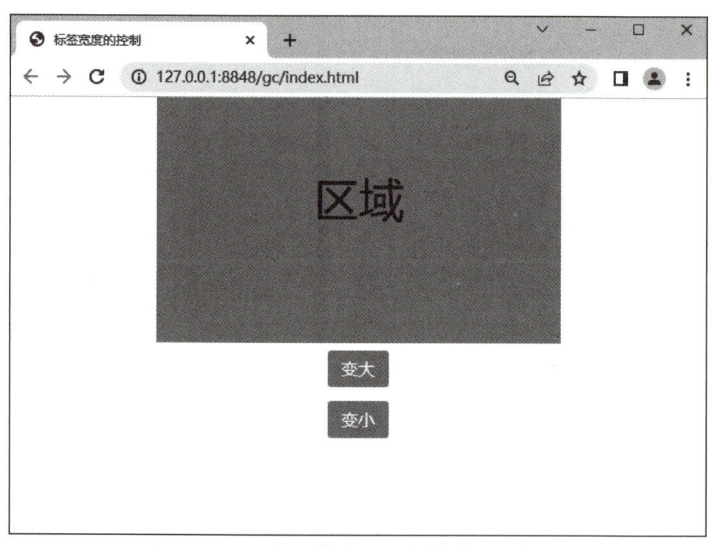

图 4-7 实现标签宽度的控制效果

项目四 JavaScript 基础设计

实现步骤

（1）启动 HBuilderX 软件，创建一个"普通项目"的"基本 HTML 项目"模板，在"css"目录中创建 mycss.css 文件，编辑 index.html 文件，如图 4-8 所示。

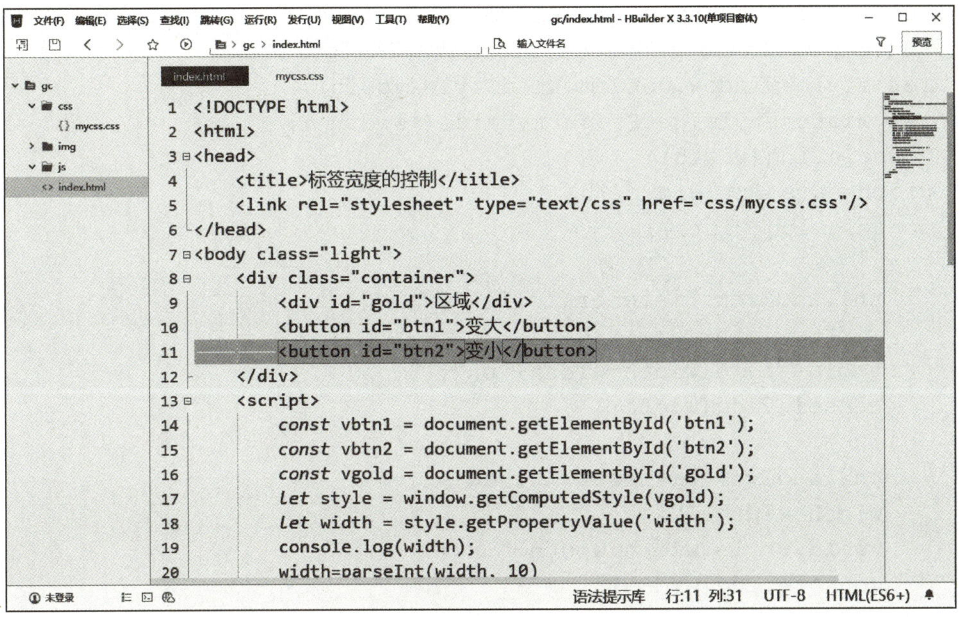

```
1  <!DOCTYPE html>
2  <html>
3  <head>
4      <title>标签宽度的控制</title>
5      <link rel="stylesheet" type="text/css" href="css/mycss.css"/>
6  </head>
7  <body class="light">
8      <div class="container">
9          <div id="gold">区域</div>
10         <button id="btn1">变大</button>
11         <button id="btn2">变小</button>
12     </div>
13     <script>
14         const vbtn1 = document.getElementById('btn1');
15         const vbtn2 = document.getElementById('btn2');
16         const vgold = document.getElementById('gold');
17         let style = window.getComputedStyle(vgold);
18         let width = style.getPropertyValue('width');
19         console.log(width);
20         width=parseInt(width, 10)
```

图 4-8　编辑 index.html 文件

知识链接

parseInt( ) 是 JavaScript 中用来将字符串转换为整数的方法。它接收两个参数：要转换的字符串和一个可选的进制值。

具体来说，parseInt( ) 方法首先将传入的字符串转换为数字（如果可能），然后返回转换后的整数值。如果无法转换，则返回 NaN。

第二个参数是可选的，表示要使用的进制。

在代码 parseInt(width, 10) 中，第一个参数为 width 变量，第二个参数为 10，因此将 width 的字符串变量值转换为十进制数。

（2）index.html 文件的代码如下。

```
<!DOCTYPE html>
<html>
<head>
    <title>标签宽度的控制</title>
    <link rel="stylesheet" type="text/css" href="css/mycss.css"/>
</head>
<body class="light">
    <div class="container">
```

```html
        <div id="gold">区域</div>
        <button id="btn1">变大</button>
        <button id="btn2">变小</button>
    </div>
    <script>
        const vbtn1=document.getElementById('btn1');
        const vbtn2=document.getElementById('btn2');
        const vgold=document.getElementById('gold');
      let style=window.getComputedStyle(vgold);
      let width=style.getPropertyValue('width');
      console.log(width);
      width=parseInt(width,10)
      console.log(width);

        vbtn1.addEventListener('click',()=>{
          width=width+10;
          vgold.style.width=width+"px";
          console.log(width)
        });
        vbtn2.addEventListener('click',()=>{
          width=width-10;
          vgold.style.width=width+"px";
          console.log(width)
        });
    </script>
</body>
</html>
```

部分 JavaScript 代码的功能解读见表4-4。

表4-4 部分 JavaScript 代码的功能解读

```
const vbtn1=document.getElementById('btn1');// 获取 ID 为 btn1 的元素，赋给变量 vbtn1
const vbtn2=document.getElementById('btn2');// 获取 ID 为 btn2 的元素，赋给变量 vbtn2
const vgold=document.getElementById('gold');// 获取 ID 为 gold 的元素，赋给变量 vgold
let style=window.getComputedStyle(vgold);// 获取 vgold 的样式
let width=style.getPropertyValue('width');// 获取样式 width 的值
console.log(width);   // 在控制台输出变量 width 的值，用于调试变量，完成调试后可以删除
width=parseInt(width,10)// 将 width 这个字符串转换为一个十进制整数
console.log(width);   // 在控制台输出变量 width 的值，用于调试变量，完成调试后可以删除
vbtn1.addEventListener('click',()=>{// 监听 vbtn1 的 click 事件
    width=width+10;// 变量增加 10
    vgold.style.width=width+"px";// 设置样式 width 的值
    console.log(width)// 在控制台输出变量 h1fontSize 的值，用于调试变量，完成调试后可以删除
});
vbtn2.addEventListener('click',()=>{// 监听 vbtn2 的 click 事件
    width=width-10;// 变量减少 10
    vgold.style.width=width+"px";// 设置样式 width 的值
    console.log(width)// 在控制台输出变量 h1fontSize 的值，用于调试变量，完成调试后可以删除
});
    h1.style.fontSize=h1fontSize+"px";// 设置样式 fontSize 的值
    console.log(h1fontSize)// 在控制台输出变量 h1fontSize 的值，完成调试后可以删除
});
```

（3）mycss.css 文件的代码如下。

```css
body{
    font-family:Arial,sans-serif;
    display:flex;
    align-items:center;
    justify-content:center;
    height:70vh;
    margin:0;
    padding:0;
    transition:all 0.3s ease-out;
}
.container{
    display:flex;
    flex-direction:column;
    align-items:center;
    justify-content:center;
}
#gold{
    width:500px;
    height:400px;
    background-color:#ffaa7f;
    text-align:center;
    font-size:64px;
    line-height:400px;
}
button{
    padding:10px 20px;
    background-color:#ffaa7f;
    color:#fff;
    border:none;
    border-radius:5px;
    font-size:1.5rem;
    cursor:pointer;
    transition:all 0.3s ease-out;
    margin:10px;
}
button:hover{
    background-color:#fade79;
    color:#333;
}
```

（4）在浏览器中运行 index.html 文件，当鼠标悬停在"变大""变小"按钮处时，按钮背景色和文字颜色发生变化；单击"变小""变大"按钮时，区域的宽度相应变化。

任务五 控制标签背景色

知识准备

1. JavaScript 函数

JavaScript 函数是一段可重复使用的代码块，用于执行特定的任务或计算，并且可以接受参数和返回值。JavaScript 函数可以帮助组织和模块化代码，提高代码的可读性和可维护性。

JavaScript 函数的基本语法格式如下。

1）定义一个函数

```
function functionName(parameter1,parameter2){
    //函数体，包含要执行的代码
    //可以在函数内部使用参数进行计算和操作
    //可以使用 return 语句返回结果
}
```

2）调用函数

```
functionName(argument1,argument2);
```

在函数定义中，可以指定函数的名称（functionName），以及它可以接受的参数（parameter1、parameter2 等）。在函数体中，可以编写要执行的代码逻辑，并可以使用传递给函数的参数进行计算和操作。如果需要，可以使用 return 语句返回一个值作为函数的结果。

在调用函数时，需要提供实际的参数值（argument1、argument2 等），这些值将被传递给函数的对应参数。

例 4.5.1： 使用函数计算两个数字的和。代码如下。

```
function addNumbers(a,b){
    const sum=a + b;
    return sum;
}
const result=addNumbers(6,5);
console.log(result); // 输出: 11
```

在上述代码中，addNumbers( ) 函数接受两个参数 a 和 b，计算它们的和并返回结果。在函数调用中，传递了实际的参数值 6 和 5，并将函数的返回值赋给变量 result，同时将结果输出到控制台。

这只是 JavaScript 函数的基础知识，函数还具有更多功能和用法，比如默认参数、匿名函数、箭头函数等。

2. 匿名函数

JavaScript 中的匿名函数是一种没有名称的函数，可以直接定义并使用，而无须通过函数名来引用它们。

例 4.5.2：使用匿名函数计算两个数字的和。

```
const sum=function(a,b){
  return a + b;
};
const result=sum(6,5);
console.log(result); // 输出: 11
```

在上述代码中，将一个匿名函数赋给变量 sum。该函数接受两个参数 a 和 b，并返回它们的和。可以像使用任何其他函数一样使用这个匿名函数，通过调用 sum(6, 5) 来计算两个数字的和。

任务描述

（1）正方形标签原背景色为白色。

（2）单击"变色"按钮，标签原背景色变为 #ffaaff 指定的颜色。

（3）当鼠标悬停在"变色"按钮处时，按钮背景色和文字颜色发生变化。

（4）实现控制标签背景色效果，如图 4-9 所示。

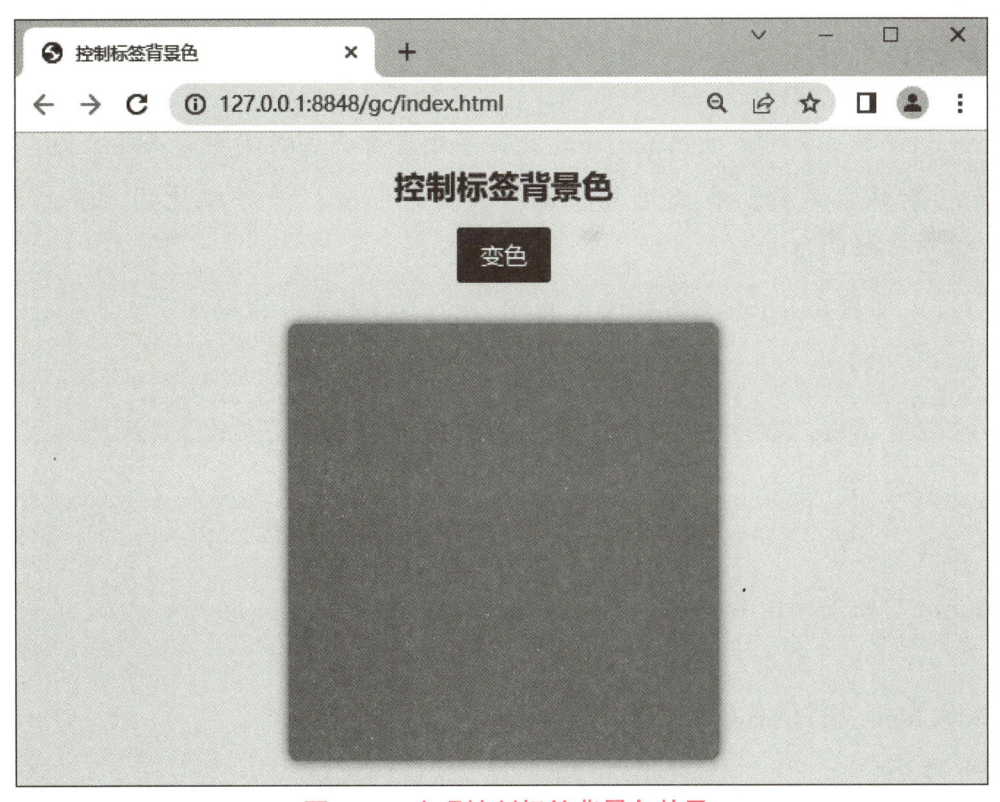

图 4-9 实现控制标签背景色效果

实现步骤

（1）启动 HBuilderX 软件，创建一个“普通项目”的“基本 HTML 项目”模板，在“css”目录中创建 mycss.css 文件，编辑 index.html 文件，如图 4-10 所示。

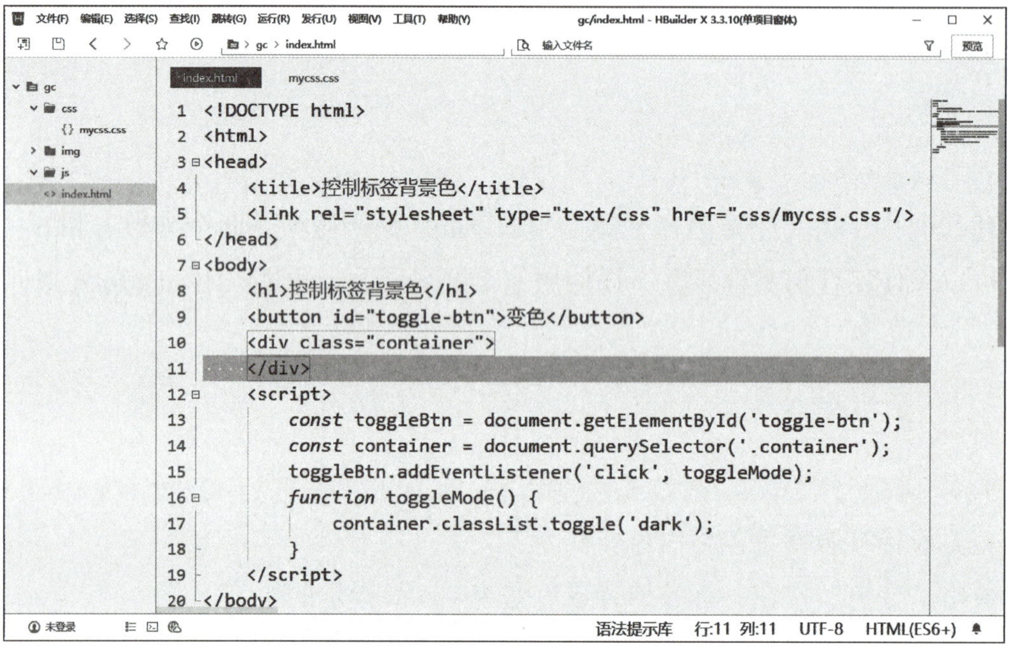
gc/index.html - HBuilder X 3.3.10
gc
css
mycss.css
img
js
index.html
index.html
mycss.css
<!DOCTYPE html>
<html>
<head>
<title>控制标签背景色</title>
<link rel="stylesheet" type="text/css" href="css/mycss.css"/>
</head>
<body>
<h1>控制标签背景色</h1>
<button id="toggle-btn">变色</button>
<div class="container">
</div>
<script>
const toggleBtn = document.getElementById('toggle-btn');
const container = document.querySelector('.container');
toggleBtn.addEventListener('click', toggleMode);
function toggleMode() {
container.classList.toggle('dark');
}
</script>
</body>
未登录
语法提示库 行:11 列:11 UTF-8 HTML(ES6+)
图 4-10 编辑 index.html 文件

知识链接

JavaScript 函数定义可以使用 function 关键字或者箭头函数实现。一般来说，JavaScript 函数定义包括函数名称、参数列表和函数体 3 个部分，并可以使用 return 语句指定 JavaScript 函数的返回值。

例 4.5.3： 使用 function 关键字进行 JavaScript 函数定义。代码如下。

```
function add(x,y){
  return x + y;
}
```

在上述代码中，定义了一个函数名称为 add 的函数，参数列表是 x，y，并用 return 语句返回 x 与 y 的和。

JavaScript 中还支持匿名函数、默认参数值等高级特性。

（2）index.html 文件的代码如下。

```
<!DOCTYPE html>
<html>
<head>
    <title>控制标签背景色</title>
```

```html
    <link rel="stylesheet" type="text/css" href="css/mycss.css"/>
</head>
<body>
    <h1>控制标签背景色</h1>
    <button id="toggle-btn">变色</button>
    <div class="container">
    </div>
    <script>
        const toggleBtn=document.getElementById('toggle-btn');
        const container=document.querySelector('.container');
        toggleBtn.addEventListener('click',toggleMode);
        function toggleMode(){
            container.classList.toggle('dark');
        }
    </script>
</body>
</html>
```

部分 JavaScript 代码的功能解读见表 4-5。

表 4-5 部分 JavaScript 代码的功能解读

```
const toggleBtn=document.getElementById('toggle-btn');
// 获取 ID 为 toggle-btn 的元素，赋给变量 toggleBtn
const container=document.querySelector('.container');
// 获取类名为 container 的元素，赋给变量 container。
toggleBtn.addEventListener('click',toggleMode);
// 监听 toggleBtn 的 click 事件，触发时执行函数 toggleMode() 的代码
function toggleMode(){// 定义函数 toggleMode
    container.classList.toggle('dark');// 使用 classList.toggle() 方法切换 dark
类名，如果元素原本包含 dark 类名，则删除它，否则添加它
}
```

（3）mycss.css 文件的代码如下。

```css
body{
    display:flex;
    flex-direction:column;
    align-items:center;
    justify-content:center;
    height:100vh;
    margin:0;
    padding:0;
    background-color:#f3f3f3;
}
h1{
    margin-top:0;
}
button{
    font-size:24px;
    background-color:#333;
```

```
        color:#fff;
        padding:12px 24px;
        border:none;
        border-radius:5px;
        cursor:pointer;
        transition:background-color 0.3s ease-in-out;
    }
    button:hover{
        background-color:#666;
    }
    .container{
        margin-top:40px;
        width:400px;
        height:400px;
        background-color:#fff;
        padding:20px;
        border-radius:10px;
        box-shadow:0 0 10px rgba(0,0,0,0.3);
        transition:background-color 0.3s ease-in-out;
    }
    .container .dark{
        background-color:#ffaaff;
        color:#fff;
    }
```

（4）在浏览器中运行 index.html 文件，当鼠标悬停在"变大""变小"按钮处时，按钮背景色和文字颜色发生变化；单击"变色"按钮，正方形标签背景色进行切换变化。

任务六 元素的隐藏与显示

知识准备

在 JavaScript 中，click 是常用的一种事件类型，click 事件会在用户单击某个元素时触发。

在 JavaScript 应用中，常需要为页面中的某个元素（按钮、超链接等）绑定 click 事件监听器，从而在用户单击该元素时执行相应的操作。

要绑定 click 事件，可以使用 addEventListener( ) 方法或者直接通过元素的 onclick 属性指定回调函数。

例 4.6.1：使用 addEventListener( ) 方法绑定 click 事件并处理回调函数。代码如下。

```
const btn=document.getElementById('myButton');
btn.addEventListener('click',()=>{
  console.log('按钮被单击了!');
});
```

在上述代码中，使用 getElementById( ) 方法获取页面中 ID 为 myButton 的按钮元素，并将其赋给变量 btn。接着，使用 addEventListener( ) 方法为该按钮元素绑定 click 事件监听器，并指定一个匿名函数作为回调函数。当用户单击按钮时，该回调函数会被执行，函数体内的代码 "console.log('按钮被单击了!')" 会被执行，实现在控制台输出一条消息 "按钮被单击了!" 的效果。

例 4.6.2：通过元素的 onclick 属性指定回调函数。代码如下。

```
const btn=document.getElementById('myButton');
btn.onclick=()=>{
  console.log('按钮被单击了! ');
};
```

虽然这种方式也可以实现 click 事件的处理，但是由于 onclick 属性只能同时绑定一个回调函数，所以可能出现覆盖、重复绑定等问题。因此，建议使用 addEventListener( ) 方法来绑定 click 事件监听器，以避免这些问题。

任务描述

（1）正方形标签设有背景色，文字颜色为白色。
（2）单击"单击切换"按钮，正方形标签隐藏，再次单击时，正方形标签恢复显示。
（3）当鼠标悬停在"单击切换"按钮处时，按钮背景色和文字颜色发生变化。
（4）实现元素的隐藏与显示效果，如图 4-11 所示。

图 4-11 实现元素的隐藏与显示效果

实现步骤

（1）启动 HBuilderX 软件，创建一个"普通项目"的"基本 HTML 项目"模板，在"css"目录中创建 mycss.css 文件，编辑 index.html 文件，如图 4-12 所示。

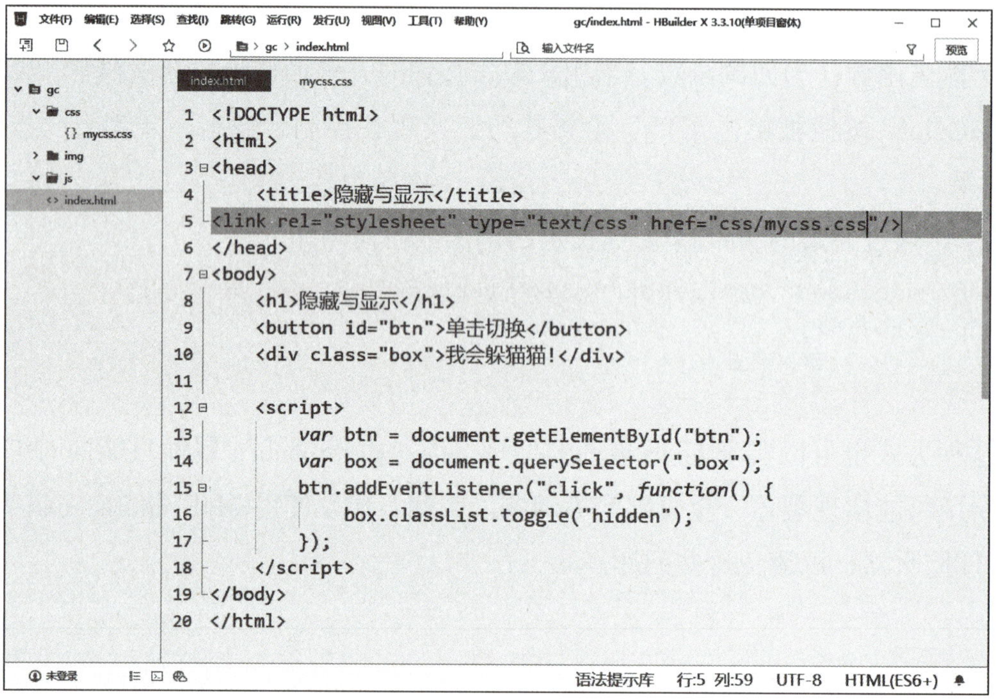

```html
<!DOCTYPE html>
<html>
<head>
    <title>隐藏与显示</title>
    <link rel="stylesheet" type="text/css" href="css/mycss.css"/>
</head>
<body>
    <h1>隐藏与显示</h1>
    <button id="btn">单击切换</button>
    <div class="box">我会躲猫猫！</div>

    <script>
        var btn = document.getElementById("btn");
        var box = document.querySelector(".box");
        btn.addEventListener("click", function() {
            box.classList.toggle("hidden");
        });
    </script>
</body>
</html>
```

图 4-12　编辑 index.html 文件

知识链接

在 CSS 中，可以使用 opacity 属性设置一个元素的透明度。将 opacity 属性的值设置为 0 可以使元素完全透明，从而实现元素的隐藏效果。

例 4.6.3：设置 #myElement 元素隐藏。代码如下。

HTML：
```html
<div id="myElement">要隐藏的元素</div>
```
CSS：
```css
#myElement{
    opacity:0;
}
```

在上述代码中，使用 CSS 选择器 #myElement 来选中具有指定 ID 的元素，并给它设置 opacity: 0。这会使该元素变得完全透明，看起来就像被隐藏了一样。

需要注意的是，设置 opacity 属性为 0 后，元素仍然会占据空间，即使在视觉上看不到它。如果希望隐藏元素的同时元素不占据空间，可以结合使用"opacity: 0;"和"display: none;"。

例 4.6.4：
CSS：
```css
#myElement{
  opacity:0;
  display:none;
}
```
通过添加"display: none;"，元素将被隐藏并且不占据空间。这在需要完全隐藏元素的情况下通常更加常用。

需要注意的是，这种方法只是在前端页面上实现了视觉上的隐藏，并不会对元素进行真正的删除或影响其布局。如果需要与元素交互，并根据条件显示和隐藏元素，可以使用 JavaScript 动态地修改元素的样式或类来实现更复杂的隐藏和显示逻辑。

（2）index.html 文件的代码如下。

```html
<!DOCTYPE html>
<html>
<head>
    <title>隐藏与显示</title>
<link rel="stylesheet" type="text/css" href="css/mycss.css"/>
</head>
<body>
    <h1>隐藏与显示</h1>
    <button id="btn">单击切换</button>
    <div class="box">我会躲猫猫！</div>
    <script>
        var btn=document.getElementById("btn");
        var box=document.querySelector(".box");
        btn.addEventListener("click",function(){
            box.classList.toggle("hidden");
        });
    </script>
</body>
</html>
```

部分 JavaScript 代码的功能解读见表 4-6。

表 4-6　部分 JavaScript 代码的功能解读

```
var btn=document.getElementById("btn");
// 获取 ID 为 btn 的元素，赋给变量 btn
var box=document.querySelector(".box");
// 获取类名为 box 的元素，赋给变量 box
btn.addEventListener("click",function(){// 监听 btn 的 click 事件，触发时执行
    box.classList.toggle("hidden");// 使用 classList.toggle() 方法切换 hidden 类名，如果元素原本包含 hidden 类名，则删除它，否则添加它
});
```

（3）mycss.css 文件的代码如下。

```css
body{
    display:flex;
    flex-direction:column;
    align-items:center;
}
h1{
    margin-bottom:40px;
}
button{
    font-size:16px;
    padding:10px 20px;
    margin-bottom:20px;
    background-color:#3498db;
    border:none;
    border-radius:5px;
    color:#fff;
    cursor:pointer;
    transition:background-color 0.3s ease;
}
button:hover{
    background-color:#2980b9;
}
.box{
    width:200px;
    height:200px;
    background-color:#3498db;
    display:flex;
    justify-content:center;
    align-items:center;
    color:#fff;
    font-size:24px;
    font-weight:bold;
    text-align:center;
    transition:opacity 0.3s ease;
    opacity:1;
}
.hidden{
    opacity:0;
}
```

（4）在浏览器中运行 index.html 文件，当鼠标悬停在"单击切换"按钮处时，按钮背景色和文字颜色发生变化；单击"单击切换"按钮，正方形标签隐藏，再次单击时，正方形标签恢复显示。

任务七 改变文本和背景色

知识准备

innerHTML 是常用的 JavaScript 属性，它用于获取或设置 HTML 元素的内容。通过 innerHTML 属性，可以访问元素内部的 HTML 标记和文本，并可以对其进行修改。

例 4.7.1：使用 innerHTML 属性获取元素的内容。代码如下。

```
const element=document.getElementById("myElement");
const content=element.innerHTML;
console.log(content);
```

getElementById( ) 方法获取具有指定 ID 的元素，并通过 innerHTML 属性获取该元素内部的 HTML 内容。

例 4.7.2：使用 innerHTML 属性设置元素的内容。代码如下。

```
const element=document.getElementById("myElement");
element.innerHTML="<p>新的内容</p>";
```

将 "<p> 新的内容 </p>" 赋给 innerHTML，这将替换元素原来的内容，并显示新的 HTML 内容。

innerHTML 是一个常用的用于获取和设置元素内容的属性，但在设置元素内容时需要注意安全性。

需要注意的是，使用 innerHTML 属性设置元素内容时，可以包含 HTML 标签和文本，但要谨慎使用，因为直接操作 innerHTML 属性可能存在信息安全风险，如果用户的输入被不当地插入 HTML，则可能导致跨站脚本攻击等信息安全问题。

如果只需要操作纯文本内容而不包含 HTML 标签，请考虑使用 textContent 属性。textContent 属性会对输入文本进行转义，以确保内容以纯文本形式呈现，而不会被解析为 HTML 标记。这是提高网页信息安全的一种技巧。

任务描述

（1）单击"1"按钮，区域内显示"1"，并更换背景色。
（2）单击"2"按钮，区域内显示"2"，并更换背景色。
（3）当鼠标悬停在"1""2"按钮处时，按钮背景色和文字颜色发生变化。
（4）实现改变文本和背景色效果，如图 4-13 所示。

图 4-13 实现改变文本和背景色效果

实现步骤

（1）启动 HBuilderX 软件，创建一个"普通项目"的"基本 HTML 项目"模板，在"css"目录中创建 mycss.css 文件，编辑 index.html 文件，如图 4-14 所示。

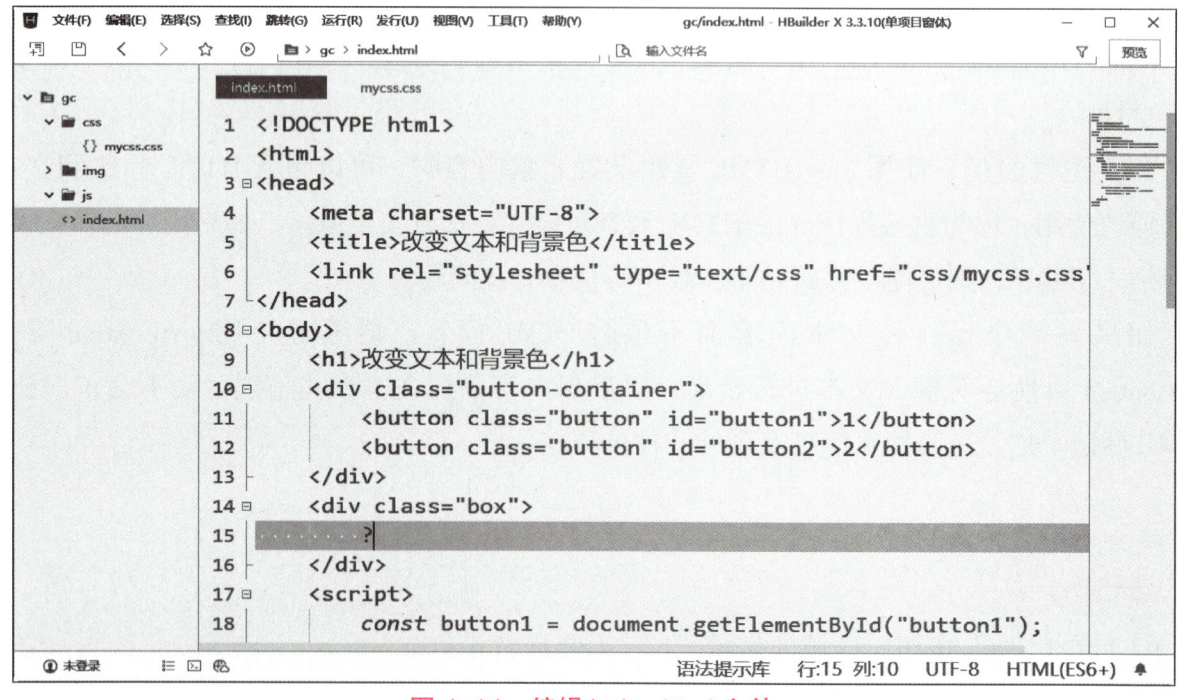

图 4-14 编辑 index.html 文件

知识链接

例 4.7.3：设置元素 box 背景色为 #2196f3。代码如下。

```
const box=document.getElementById('myBox');
box.style.backgroundColor= "#2196f3";
box.style.backgroundColor是用来获取或设置元素box的背景颜色属性的方法。
```

在 JavaScript 中，可以通过访问元素的 style 属性来获取或设置元素的样式属性。因此，box.style.backgroundColor 表示获取或设置元素 box 的背景色属性。如果需要获取该属性的值，可以直接读取该属性；如果需要设置该属性的值，可以为该属性赋一个有效的颜色值。

例 4.7.4：设置元素 box 的 HTML 内容为 1。代码如下。

```
const box=document.getElementById('myBox');
box.innerHTML="1";
```

在 JavaScript 中，可以通过访问元素的 innerHTML 属性来获取或设置元素的 HTML 内容。因此，如果需要获取该内容的值，可以直接读取该属性；如果需要设置该内容的值，可以为该属性赋一个有效的 HTML 字符串。

（2）index.html 文件的代码如下。

```html
<!DOCTYPE html>
<html>
<head>
    <meta charset="UTF-8">
    <title>改变文本和背景色</title>
    <link rel="stylesheet" type="text/css" href="css/mycss.css"/>
</head>
<body>
    <h1>改变文本和背景色</h1>
    <div class="button-container">
        <button class="button" id="button1">1</button>
        <button class="button" id="button2">2</button>
    </div>
    <div class="box">
        ?
    </div>
    <script>
        const button1=document.getElementById("button1");
        const button2=document.getElementById("button2");
        const box=document.querySelector(".box");
        button1.onclick=function(){
            box.style.backgroundColor="#2196f3";
            box.innerHTML="1";
        }
```

```
        button2.onclick=function(){
            box.style.backgroundColor="#f44336";
            box.innerHTML="2";
        }
    </script>
</body>
</html>
```

部分 JavaScript 代码的功能解读见表 4-7。

表 4-7　部分 JavaScript 代码的功能解读

```
const button1=document.getElementById("button1");
// 获取 ID 为 button1 的元素，赋给变量 button1
const button2=document.getElementById("button2");
// 获取 ID 为 button2 的元素，赋给变量 button2
const box=document.querySelector(".box");// 获取类名为 box 的元素，赋值给变量 box。
button1.onclick=function(){// 监听 button1 的 click 事件，触发时执行
    box.style.backgroundColor="#2196f3";// 设置 box 元素的背景色为 #2196f3
    box.innerHTML="1";// 设置 box 元素的显示内容为 1
}
button2.onclick=function(){// 监听 button2 的 click 事件，触发时执行
    box.style.backgroundColor="#f44336";// 设置 box 元素的背景色为 #f44336
    box.innerHTML="2";// 设置 box 元素的显示内容为 2
}
```

（3）mycss.css 文件的代码如下。

```
body{
    display:flex;
    flex-direction:column;
    align-items:center;
}
h1{
    margin-bottom:40px;
}
.button-container{
    display:flex;
    flex-direction:row;
    align-items:center;
    margin-bottom:40px;
}
.button{
    padding:10px 20px;
    background-color:#2196f3;
    color:#fff;
    border:none;
    border-radius:5px;
```

```
        cursor:pointer;
        margin-right:20px;
        -webkit-transition:.2s;
        transition:background-color .2s;
    }
    .button:hover{
        background-color:#0c7cd5;
    }
    .box{
        width:200px;
        height:200px;
        background-color:#2196f3;
        margin-bottom:40px;
        display:flex;
        justify-content:center;
        align-items:center;
        color:#fff;
        font-size:24px;
    }
```

（4）在浏览器中运行 index.html 文件，当鼠标悬停在"1""2"按钮处时，按钮背景色和文字颜色发生变化；单击"1"按钮，区域内显示"1"，并更换背景色；单击"2"按钮，区域内显示"2"，并更换背景色。

项目总结

　　本项目所讲解的任务只涉及 JavaScript 在网页设计中的部分应用技能，重点讲解的知识包括 document.getElementById( )、document.querySelector( ) 获取 HTML 元素的方法，addEventListener( ) 事件监听器的方法，parseInt( ) 字符串转换为整数的方法，元素宽度的获取与更改，元素背景色的设置，元素 HTML 内容的赋值等。

　　要具有更全面的对接网站后台的 JavaScript 网页设计技能，还需要学习 Ajax 和异步编程。Ajax 是异步 JavaScript 和 XML（eXtensible Markup Language）的缩写，是一种在不重新加载整个页面的情况下更新部分页面的技术。异步编程则可以帮助解决页面加载速度慢、卡顿等问题。

项目评价

序号	任务	自评	教师评价
1	任务一：变量的控制与显示	了解□ 熟练□ 精通□	了解□ 熟练□ 精通□
2	任务二：网页背景色控制	了解□ 熟练□ 精通□	了解□ 熟练□ 精通□
3	任务三：标签字号获取与控制	了解□ 熟练□ 精通□	了解□ 熟练□ 精通□
4	任务四：标签宽度的控制	了解□ 熟练□ 精通□	了解□ 熟练□ 精通□
5	任务五：控制标签背景色	了解□ 熟练□ 精通□	了解□ 熟练□ 精通□
6	任务六：元素的隐藏与显示	了解□ 熟练□ 精通□	了解□ 熟练□ 精通□
7	任务七：改变文本和背景色	了解□ 熟练□ 精通□	了解□ 熟练□ 精通□

拓展练习

一、选择题

1. 以下哪个方法可以通过元素的 ID 获取 HTML 元素？（　　）

   A. document.selectElement( )　　　　B. document.getElementByName( )

   C. document.getElementById( )　　　　D. document.querySelector( )

2. 以下哪个方法可以通过 CSS 选择器获取匹配的第一个 HTML 元素？（　　）

   A. document.querySelector( )　　　　B. document.getElementById( )

   C. document.getElementByName( )　　　　D. document.selectElement( )

3. 以下哪个方法可以注册事件监听器？（　　）

   A. addEventListener( )　　　　B. onEvent( )

   C. attachEvent( )　　　　D. eventListener( )

4. 若要将字符串"123"转换为整数类型，应该使用以下哪个方法？（　　）

   A. parseInt( )　　　B. toInteger( )　　　C. convertToInt( )　　　D. parseInteger( )

5. 如何获取一个元素的宽度？（　　）

   A. element.getWidth( )　　　　B. element.style.width

   C. element.offsetWidth　　　　D. element.clientWidth

6. 如何更改一个元素的宽度？（　　）

   A. element.resizeTo( )　　　　B. element.style.width="100px"

   C. element.setWidth(100)　　　　D. element.width=100

7. 如何设置一个元素的背景色为红色？（　　）

A. element.background("red")　　　　　　B. element.style.backgroundColor="red"

C. element.setColor("red")　　　　　　　D. element.setBgColor("red")

8. 如何将一个 HTML 元素的内容设置为 "Hello"？（　　）

A. element.text="Hello"　　　　　　　　B. element.innerHTML="Hello"

C. element.setContent("Hello")　　　　　D. element.setText("Hello")

9. 以下哪个方法可以通过 CSS 选择器获取匹配的所有 HTML 元素？（　　）

A. document.getElementById( )　　　　　B. document.getElementByName( )

C. document.querySelectorAll( )　　　　D. document.selectElements( )

10. 以下哪个方法可以通过类名获取 HTML 元素？（　　）

A. document.getElementById( )　　　　　B. document.getElementsByClassName( )

C. document.selectElement( )　　　　　　D. document.querySelector( )

二、操作题

1. 使用 JavaScript 实现单击标签随机更改标签背景色为渐变色样式页面的效果。任务描述如下。

（1）单击元素时，元素背景色发生变化。

（2）背景色由随机数产生一种渐变色效果。

（3）网页运行效果如图 4-15 所示。

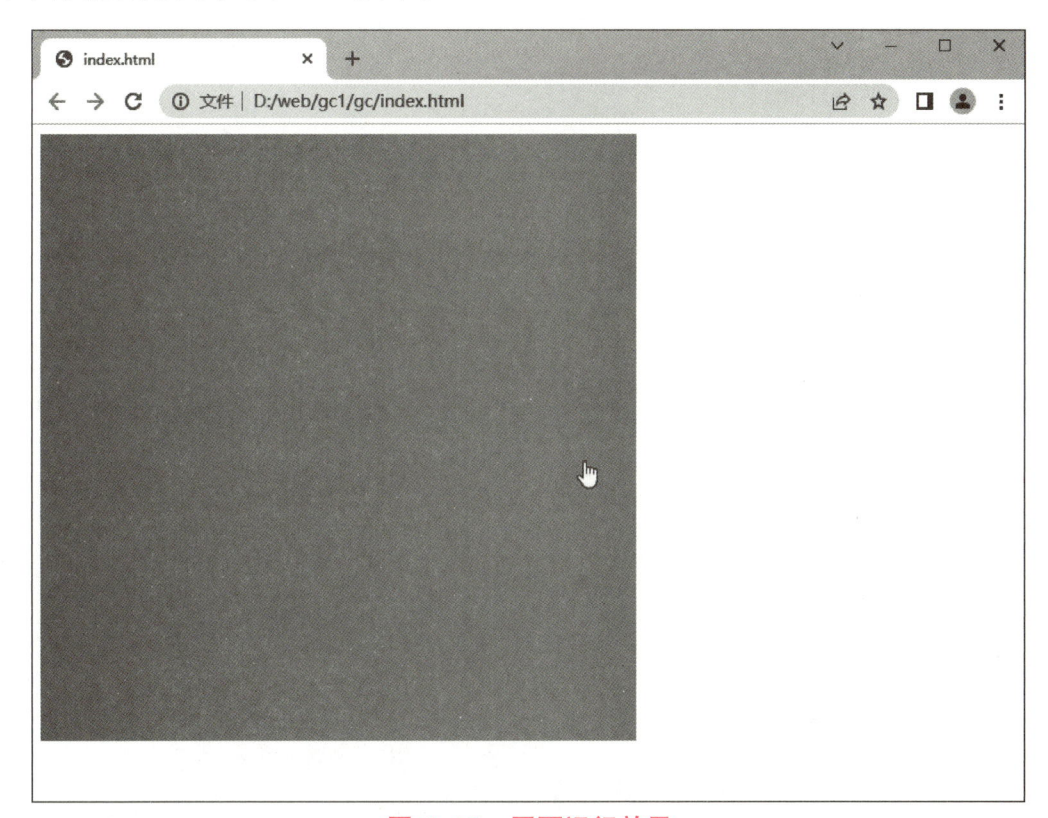

图 4-15　网页运行效果

2. 使用 JavaScript 实现单击图片时图片进行切换的效果。

任务描述如下。

(1) 单击图片元素时，图片切换到下一张。

(2) 共有 5 张图片，切换到最后一张图片后，又从第一张图片开始显示，为图片切换过程设置过渡效果。

(3) 网页运行效果如图 4-16 所示。

图 4-16　网页运行效果

三、编程题

观察页面运行效果和页面功能说明，把代码空白处填上适当的代码，确保页面运行后达到预期的效果。

1. 现有"按钮点击次数统计"页面，其运行效果如图 4-17 所示。

页面功能说明如下。

(1) 页面标题为"按钮点击次数统计"。

(2) 使用 CSS 样式设置页面的外观，包括背景色、字体、边距等。

(3) 页面中包含一个标题（<h1> 标签）、一个按钮（<button> 标签）和一个数字显示区域（<p> 标签）。

(4) 按钮初始状态为"点击增加次数"，背景色为蓝色。当鼠标悬停在按钮

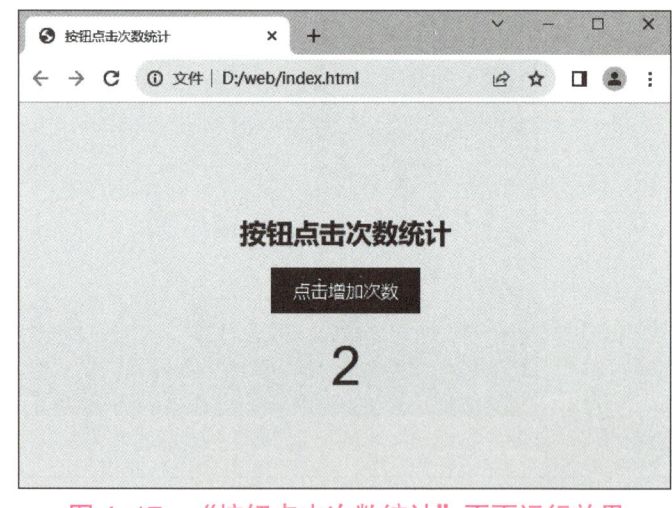

图 4-17　"按钮点击次数统计"页面运行效果

处时，背景色变为深蓝色。

（5）数字显示区域初始值为0。

（6）在JavaScript代码部分，获取按钮和数字显示区域的元素并定义一个计数器变量。

（7）添加一个按钮的单击事件监听器，当按钮被单击时，计数器自增，并将计数器值更新到数字显示区域。

（8）当计数器的值达到5时，禁用按钮，并将按钮的文本内容改为"已达上限"，同时改变按钮的背景色为灰色。

页面代码如下。

```
<!DOCTYPE html>
<html>
<head>
    <meta charset="UTF-8">
     【1】 按钮点击次数统计</title>
    <style>
        body{
             【2】 :Arial,sans-serif;
            background-color:#f3f3f3;
            margin:0;
            padding:0;
        }

        div{
            text-align:center;
            margin-top:100px;
        }

        h1{
            color:#333;
            font-size:24px;
        }

        #btn{
            background-color:blue;
            color:#fff;
            padding:10px 20px;
            border:none;
            font-size:16px;
            cursor:pointer;
            transition:background-color 0.3s ease-out;
        }

        #btn:hover{
            background-color:#003399;
        }

        .count{
```

```
            font-size:48px;
            margin-top:20px;
        }
    </style>
</head>
<body>
    <div>
        <h1>按钮点击次数统计</h1>
        <button id="btn">点击增加次数</button>
        <p class="count" id="count">0</p>
    </div>
    <script>
        const 【3】 =document.getElementById('btn');
        const count=document.getElementById('count');
        let counter=0;

        vbtn.addEventListener('click',()=>{
            counter++;
            count.textContent=counter;

            if ( 【4】 ){
                vbtn.disabled=true;
                vbtn.style.backgroundColor='gray';
                 【5】 .textContent='已达上限';
            }
        });
    </script>
</body>
</html>
```

2.现有"网页背景色控制"页面,其运行效果如图 4-18 所示。页面功能说明如下。

(1)页面标题为"网页背景色控制"。

(2)使用 CSS 样式设置页面的外观,包括背景色、文字颜色和按钮样式等。

(3)页面默认的背景色是浅灰色(light),通过 body 元素的 class 属性控制背景色的显示。

(4)页面中包含一个容器(div 元素)和一个标题(h1 元素)以及一个切换按钮(button 元素)。

(5)标题文字颜色初始为深灰色(#9a9a9a)。

图 4-18 "网页背景色控制"页面运行效果

(6)"切换"按钮的背景色为蓝色,鼠标悬停时颜色变为深蓝色。

（7）在JavaScript代码部分，获取按钮、body和h1元素并定义一个模式变量。

（8）添加一个按钮的单击事件监听器，当按钮被单击时，根据当前模式切换背景色和标题文字颜色。

（9）当模式为光亮（light）时，移除body的dark类并添加light类，同时将标题文字颜色恢复为深灰色。

（10）当模式为深色（dark）时，移除body的light类并添加dark类，同时将标题文字颜色设为白色。

页面代码如下。

```
<!DOCTYPE html>
<html>
<head>
    <title>网页背景色控制</title>
    <style>
        body.light{
            background-color:#f3f3f3;
        }

        __【1】__{
            background-color:#333;
        }

        .container{
            text-align:center;
            margin-top:100px;
        }

        h1{
            font-size:24px;
            color:#9a9a9a;
        }

        #btn{
            background-color:blue;
            color:#fff;
            padding:10px 20px;
            border:none;
            font-size:16px;
            __【2】__:pointer;
            transition:background-color 0.3s ease-out;
        }

        #btn:hover{
            background-color:#003399;
        }
    </style>
</head>
<body class="light">
    <div class="container">
```

```
        <h1>网页背景色控制</h1>
        <button id="btn">切换</button>
    </div>
    <script>
        const vbtn=document.getElementById('btn');
        const  【3】 =document.querySelector('body');
        const h1=document.querySelector('h1');
        let mode='light';
        vbtn.addEventListener( 【4】 ,()=>{
            if (mode==='light'){
                mode='dark';
                body.classList.remove('light');
                body.classList.add('dark');
                h1.style.color='#fff';
            } else{
                mode='light';
                body.classList. 【5】 ('dark');
                body.classList.add('light');
                h1.style.color='#9a9a9a';
            }
        });
    </script>
</body>
</html>
```

3. 现有"图片显示和隐藏"页面，运行效果如图4-19所示。页面功能说明如下。

（1）页面标题为"图片显示和隐藏"。

（2）使用CSS样式设置页面的外观，包括文字颜色、按钮样式和图片显示方式等。

（3）页面中包含一个容器（div元素）和一个标题（h1元素），以及一个显示/隐藏图片的按钮（button元素）和一张图片（img元素）。

（4）图片初始状态为隐藏，通过CSS样式的"display: none;"实现。

图4-19 "图片显示和隐藏"页面运行效果

（5）按钮的背景色为蓝色，当鼠标悬停时背景色变为深蓝色。

（6）在JavaScript代码部分，获取按钮和图片元素并定义一个可见性变量。

（7）添加一个按钮的单击事件监听器，当按钮被单击时，根据当前可见性状态显示或隐藏图片。

（8）当图片可见时，将按钮文字设为"隐藏图片"，同时将图片显示出来，并更新可见性状态为true。

（9）当图片隐藏时，将按钮文字设为"显示图片"，同时将图片隐藏起来，并更新可见性状态为 false。

页面代码如下。

```
<!DOCTYPE html>
<html>
<head>
    <title>图片显示和隐藏</title>
    <style>
        .container{
            text-align:center;
             【1】 :100px;
        }

        h1{
            font-size:24px;
            color:#333;
        }

        #image{
            display:none;
            max-width:500px;
            margin-top:20px;
        }

        #btn{
            background-color:blue;
            color:#fff;
            padding:10px 20px;
            border:none;
            font-size:16px;
            cursor:pointer;
            transition:background-color 0.3s ease-out;
        }

        #btn: 【2】 {
            background-color:#003399;
        }
    </style>
</head>
<body>
    <div class="container">
        <h1>图片显示和隐藏</h1>
        <button id="btn">显示/隐藏图片</button>
        <img id="image" src="image.jpg" alt="图片">
    </div>
    <script>
        const vbtn=document.getElementById('btn');
        const image=document.getElementById(' 【3】 ');
        let visible=false;
        vbtn. 【4】 ('click',()=>{
            if (visible){
```

```
                    vbtn.textContent='显示图片';
                    image.style.display='none';
                    visible=false;
                } else{
                    vbtn.textContent='隐藏图片';
                    image.style.display='block';
                    visible=__【5】__;
                }
            });
        </script>
    </body>
</html>
```

4. 现有"文本显示和隐藏"页面，其运行效果如图 4-20 所示。

页面功能说明如下。

（1）页面标题为"文本显示和隐藏"。

（2）使用 CSS 样式设置页面的外观，包括文字颜色、按钮样式和文本显示方式等。

（3）页面中包含一个容器（div 元素）和一个标题（h1 元素），以及一个显示/隐藏文本的按钮（button 元素）和一段示例文本（p 元素）。

（4）文本初始状态为隐藏，通过 CSS 样式的"display: none;"实现。

图 4-20 "文本显示和隐藏"页面运行效果

（5）按钮的背景色为蓝色，当鼠标悬停时背景色变为深蓝色。

（6）在 JavaScript 代码部分，获取按钮和文本元素并定义一个可见性变量。

（7）添加一个按钮的单击事件监听器，当按钮被单击时，根据当前可见性状态显示或隐藏文本。

（8）当文本可见时，将按钮文字设为"隐藏文本"，同时将文本显示出来，并更新可见性状态为 true。

（9）当文本隐藏时，将按钮文字设为"显示文本"，同时将文本隐藏起来，并更新可见性状态为 false。

页面代码如下。

```
<!DOCTYPE html>
<html>
<head>
    <title>文本显示和隐藏</title>
    <style>
        .container{
            text-align:center;
            margin-top:100px;
        }
```

```css
        h1{
            font-size:24px;
            color:#333;
        }

        #text{
            display:none;
             【1】  :500px;
            margin-top:20px;
        }

        #btn{
            background-color:blue;
            color:#fff;
            padding:10px 20px;
            border:none;
            font-size:16px;
            cursor:pointer;
             【2】  :background-color 0.3s ease-out;
        }

        #btn:hover{
            background-color:#003399;
        }
    </style>
</head>
<body>
    <div class="container">
        <h1>文本显示和隐藏</h1>
        <button id="btn">显示/隐藏</button>
        <p id="text">这是一段示例文本。</p>
    </div>
    <script>
        const vbtn=document.getElementById('btn');
        const text=document.getElementById('text');
        let visible= 【3】 ;
        vbtn.addEventListener('click',()=>{
            if (visible){
                vbtn.textContent='显示';
                text.style.display= 【4】 ;
                visible=false;
            } else{
                vbtn.textContent='隐藏';
                text.style.display= 【5】 ;
                visible=true;
            }
        });
    </script>
</body>
</html>
```

项目五
JavaScript交互页面进阶

项目导读

党的二十大报告的"五、实施科教兴国战略，强化现代化建设人才支撑"提道："（三）加快实施创新驱动发展战略。坚持面向世界科技前沿、面向经济主战场、面向国家重大需求、面向人民生命健康，加快实现高水平科技自立自强。"要坚持面向世界科技前沿，就需要在学习中不断提升学习目标，在学习了JavaScript的基础设计应用后，只有深入研究更难的应用技能，才能为更全面掌握JavaScript网页设计技能奠定基础。

在JavaScript的基础知识上，本项目列出了一些实用的任务案例，重点讲解了一些关于DOM操作的技能。

DOM（Document Object Model，文档对象模型）是指HTML页面的结构树，JavaScript可以通过DOM操作来修改页面的结构和样式。

JavaScript中的DOM是指文档对象模型（Document Object Model），它定义了访问和操作HTML或XML文档的标准方法。具体来说，DOM包括以下组成部分。

（1）文档对象：表示整个文档结构的顶层对象，可以通过document对象访问。

（2）元素对象：表示文档中的元素，包括HTML标签、文本节点、注释等，可以通过document对象的各种方法获取。

（3）节点对象：表示文档中所有类型的节点，包括元素节点、属性节点、文本节点等，可以通过Node对象的各种方法获取。

（4）属性对象：表示元素节点的属性，可以通过Element对象的各种方法获取和操作。

（5）事件对象：表示用户与元素交互时触发的事件，包括单击、鼠标移动、键盘输入等，可以通过Event对象的各种方法获取和操作。

通过JavaScript的DOM，可以使用代码来访问和修改文档中的任何元素和属性。

本项目以部分任务案例为依托，在任务的实现过程中讲解变量、运算等，重点讲解部分DOM操作函数在实现任务效果过程中的应用。

项目五　JavaScript 交互页面进阶　209

> **技能目标**
> （1）了解常见 getElementById(id)、getElementsByClassName(className) 等 DOM 操作函数。
> （2）掌握简易计算器功能的实现、图片轮播、元素创建、元素的添加和删除等技能。

> **素质目标**
> （1）以简化的作品功能实现常见的效果，激发学生的学习积极性和自信心。
> （2）通过规范的代码运用，培养学生精益求精的工匠精神和工作能力。
> （3）以周边环境发展反应家国美丽的图片，落实专业与课程思政的自然融合，引导学生爱国爱家乡的家国情怀，树立技能报国的专业技能学习目标。

任务一　简易计算器

知识准备

简易计算器

函数参数的传递

函数参数的传递是指将值或引用作为参数传递给函数，以供函数在执行过程中使用。在 JavaScript 中，有两种主要的函数参数传递方式：按值传递和按引用传递。

1. 按值传递

将简单类型的值作为参数传递给函数时，实际上是将该值的一个副本传递给函数，而不是原始值本身。这意味着在函数内部对参数进行修改不会影响原始值。

例 5.1.1：

```
function add(a){
  a +=1;
  console.log(a); // 输出:23
}

let num=22;
add(num);
console.log(num); // 输出:22
```

在上述代码中，num 是一个数字变量，它作为参数传递给 add( ) 函数。在函数内部，参数 a 的值增加了 1，但这不会影响原始的 num 变量。

2. 按引用传递

将对象或数组作为参数传递给函数时，实际上是将对该对象或数组的引用传递给函数。在函数内部对参数进行修改会影响原始对象或数组。

例 5.1.2：

```javascript
function addToArray(arr,value){
  arr.push(value);
  console.log(arr); // 输出:[1,2,3,4]
}

let myArray=[1,2,3];
addToArray(myArray,4);
console.log(myArray); // 输出:[1,2,3,4]
```

在上述代码中，myArray 是一个数组，它作为参数传递给 addToArray( ) 函数。在函数内部，通过 push( ) 方法向参数 arr 引用的数组中添加了一个新元素。这也会对原始的 myArray 数组产生影响。

在 onclick 属性中，可以使用 JavaScript 语法将参数传递给该函数或表达式。

`<button onclick="addToResult('7')">` 中的 '7' 就是一个传递给 addToResult( ) 函数的参数。当用户单击该按钮时，浏览器会解析 onclick 属性中的 JavaScript 表达式，并将其作为一个函数调用来执行。addToResult('7') 就是这个函数调用，其中 '7' 是一个字符串类型的实参。

任务描述

（1）可输入数字和运行符号。

（2）正常显式输入内容。

（3）单击"="按钮，正确计算运算结果。

（4）单击"清除"按钮，清除输入框中的内容。

（5）实现简易计算器的功能，如图 5-1 所示。

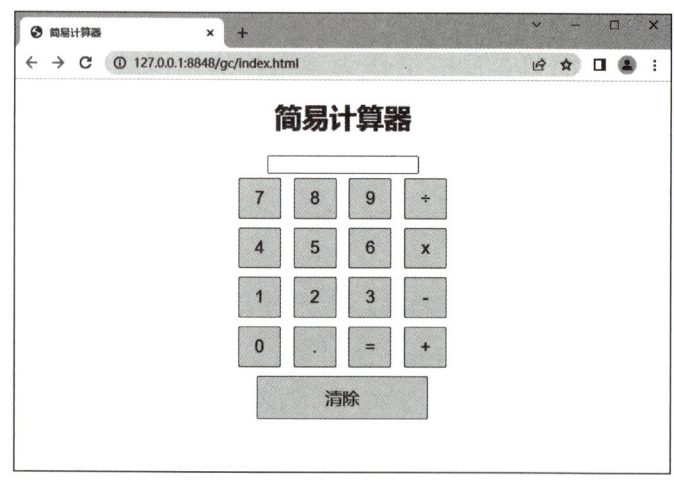

图 5-1 实现简易计算器的功能

实现步骤

（1）启动 HBuilderX 软件，创建一个"普通项目"的"基本 HTML 项目"模板，在"css"目录中创建 mycss.css 文件，编辑 index.html 文件，如图 5-2 所示。

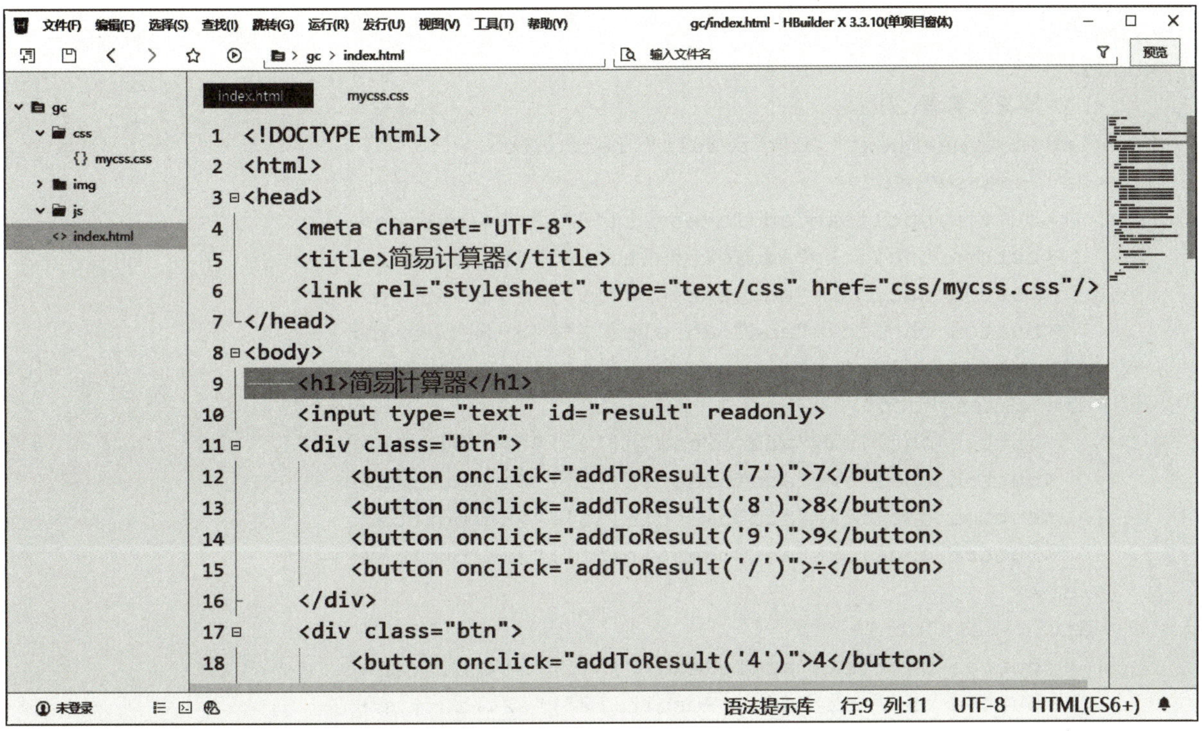

图 5-2　编辑 index.html 文件

部分 JavaScript 代码的功能解读见表 5-1。

表 5-1　部分 JavaScript 代码的功能解读

```
1. 绑定 click 事件，执行带参数函数
<button onclick="addToResult('7')">7</button>
2. 定义函数 addToResult(value)，运行 "result.value +=value" 实现把字符参数链接成新
字符串的功能
function addToResult(value){
    result.value +=value;
}
3. 定义函数 calculate()，调用 eval(result.value) 实现运算的功能。
function calculate(){
    result.value=eval(result.value);
}
4. 定义函数 clearResult()，运行 "result.value=''" 实现清除输入框中内容的功能。
function clearResult(){
    result.value='';
}
```

（2）index.html 文件的代码如下。

```
<!DOCTYPE html>
<html>
<head>
    <meta charset="UTF-8">
```

```html
        <title>简易计算器</title>
        <link rel="stylesheet" type="text/css" href="css/mycss.css"/>
</head>
<body>
    <h1>简易计算器</h1>
    <input type="text" id="result" readonly>
    <div class="btn">
        <button onclick="addToResult('7')">7</button>
        <button onclick="addToResult('8')">8</button>
        <button onclick="addToResult('9')">9</button>
        <button onclick="addToResult('/')">÷</button>
    </div>
    <div class="btn">
        <button onclick="addToResult('4')">4</button>
        <button onclick="addToResult('5')">5</button>
        <button onclick="addToResult('6')">6</button>
        <button onclick="addToResult('*')">x</button>
    </div>
    <div class="btn">
        <button onclick="addToResult('1')">1</button>
        <button onclick="addToResult('2')">2</button>
        <button onclick="addToResult('3')">3</button>
        <button onclick="addToResult('-')">-</button>
    </div>
    <div class="btn">
        <button onclick="addToResult('0')">0</button>
        <button onclick="addToResult('.')">.</button>
        <button onclick="calculate()">=</button>
        <button onclick="addToResult('+')">+</button>
    </div>
    <div class="btnclear">
        <button onclick='clearResult()'>清除</button>
    </div>
    <script>
        const result=document.getElementById('result');
        function addToResult(value){
            result.value +=value;
        }
        function calculate(){
            result.value=eval(result.value);
        }
        function clearResult(){
            result.value='';
        }
    </script>
</body>
</html>
```

> **知识链接**
>
> eval()是一种JavaScript全局函数,可以将字符串作为代码进行求值并返回结果。
>
> **例5.1.3**:使用eval()函数计算2×3。代码如下。
>
> ```
> const expr='2* 3';
> const result=eval(expr);
> console.log(result); // 输出 6
> ```
>
> 在上述代码中,字符串expr包含了一段简单的表达式。然后,使用eval()函数将该字符串作为代码进行求值,并将结果赋给result变量。使用console.log()方法输出result变量的值,输出的结果是6。

(3) mycss.css文件的代码如下。

```
body{
    text-align:center;
}
button{
    font-size:20px;
    padding:10px;
    margin:5px;
    width:50px;
}
.btnclear button{
    width:200px;
}
```

(4) 在浏览器中运行index.html文件,如图5-1所示。

在上述代码中,创建了一个简单的计算器应用。它包含一个文本输入框和一些按钮,用户可以通过单击按钮来输入数字或运算符,并计算出结果。当用户单击数字或运算符按钮时,addToResult()函数就会被调用,它将相应的值添加到输入框中。当用户单击"="按钮时,calculate()函数就会被调用,它会将输入框中的表达式计算出结果并显示在输入框中。

任务二 清单管理

清单管理

知识准备

获取输入框中的内容

要通过JavaScript获取输入框中的内容,可以使用value属性。

例 5.2.1：通过 id 值获取输入框中的内容。代码如下。

```
HTML:
<input type="text" id="myInput">
<button onclick="getInputValue()">输入框中的内容</button>
JavaScript:
function getInputValue(){
  var input=document.getElementById("myInput"); // 通过元素的ID获取输入框
  var value=input.value; // 使用value属性获取输入框中的内容
  console.log(value); // 打印输入框中的内容
}
```

通过 document.getElementById("myInput") 获取具有特定 id（为 myInput）的输入框元素。使用该输入框元素的 value 属性来获取输入框中的内容，并将其存储在变量 value 中。通过 console.log( ) 将输入框中的内容打印到控制台中。

使用 document.getElementById( ) 方法来获取输入框元素。需要确保给输入框添加一个唯一的 id 属性值，以便能够准确地获取该输入框元素。

另外，还可以使用其他方法获取输入框中的内容，如通过类名、标签名或选择器等获取输入框元素，然后使用相应的属性获取输入框中的内容。

例 5.2.2：通过类名获取输入框中的内容。代码如下。

```
HTML:
<input type="text" class="myInput">
<input type="text" class="myInput">
<button onclick="getInputValues()">获取输入框中的内容</button>
JavaScript:
function getInputValues(){
  var inputs=document.getElementsByClassName("myInput"); // 通过类名获取所有具有指定类名的元素
  var values=[];

  for (var i=0; i < inputs.length; i++){
    var value=inputs[i].value; // 使用value属性获取每个输入框中的内容
    values.push(value); // 将每个输入框中的内容存储到数组中
  }

  console.log(values); // 打印输入框中的内容数组
}
```

通过 document.getElementsByClassName("myInput") 获取所有具有类名 myInput 的输入框元素，并将它们存储在 inputs 数组变量中。

遍历 inputs 数组变量，对每个输入框使用 value 属性来获取其中的内容，并将内容存储到一个数组 values 中。

通过 console.log( ) 将输入框中的内容数组打印到控制台中。

getElementsByClassName( ) 方法返回的是一个数组，但不是一个普通的数组。如果需要进行数组操作，可能需要将其转换为真正的数组，或使用迭代方法处理其中的元素。

任务描述

（1）在输入框中输入内容，单击"添加到清单"按钮，增加一行显示添加内容。

（2）单击每行的"删除"按钮，删除当前行。

（3）实现清单管理的功能，如图 5-3 所示。

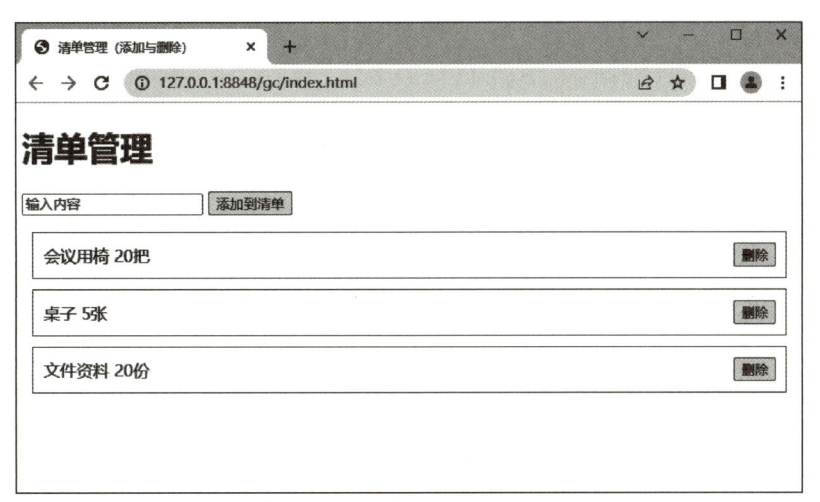

图 5-3　实现清单管理的功能

实现步骤

（1）启动 HBuilderX 软件，创建一个"普通项目"的"基本 HTML 项目"模板，在"css"目录中创建 mycss.css 文件，编辑 index.html 文件，如图 5-4 所示。

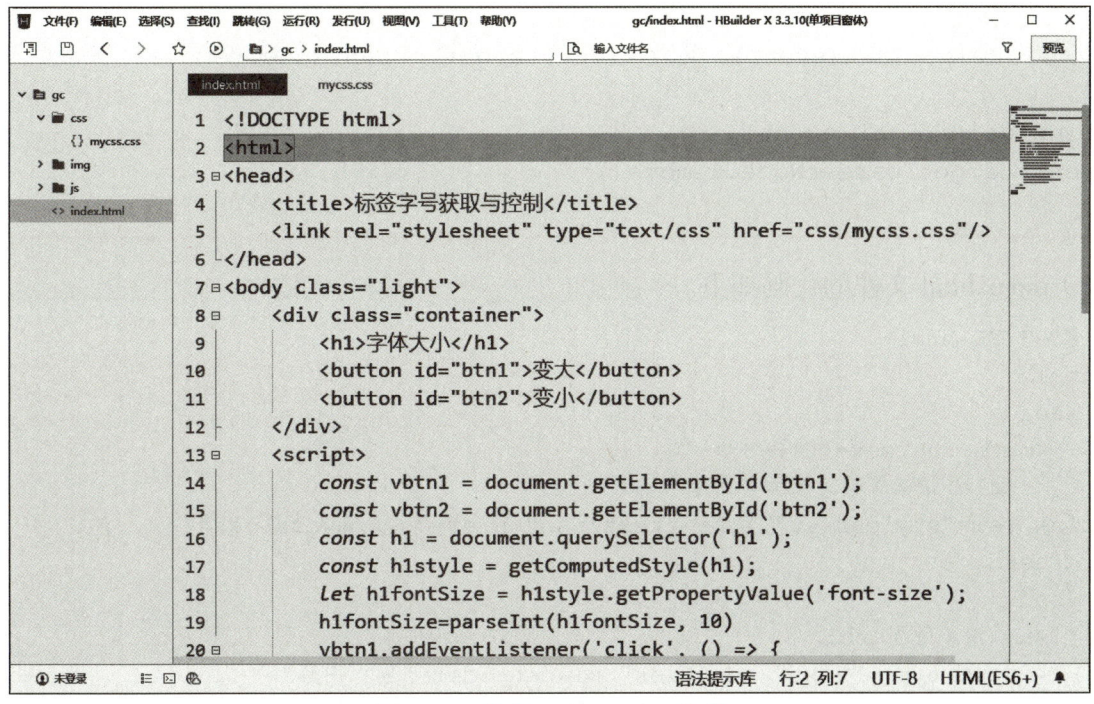

图 5-4　编辑 index.html 文件

部分 JavaScript 代码的功能解读见表 5-2。

表 5-2　部分 JavaScript 代码的功能解读

```
1. 通过 id 值 taskList 拾取文档中的 <ul id="taskList"></ul>。
const taskList=document.getElementById('taskList');// 执行后，taskList 变量值是 <ul> 标签
2. 定义函数 addTask()，实现添加行内容的功能。
function addTask(){
const task=document.getElementById('task').value;// 获取输入框中的内容
if (task !==''){      // 如果输入的内容不为空
  const li=document.createElement('li');// 创建一个 <li> 标签
  li.textContent=task;// 把 <li> 标签的文本内容设置为 task 的值
  li.addEventListener('click',completeTask);// 设置 <li> 标签的 click 事件可执行 completeTask() 函数
  const deleteBtn=document.createElement('button');// 创建一个 <button> 标签，记录在 deleteBtn 变量中
  deleteBtn.textContent=' 删除 ';// 把 <deleteBtn> 标签的文本内容设置为 " 删除 "
  deleteBtn.addEventListener('click',deleteTask);// 设置 <deleteBtn> 标签的 click 事件可执行 deleteTask() 函数
  li.appendChild(deleteBtn);// 把 <deleteBtn> 标签追加到 <li> 标签中
  taskList.appendChild(li);// 把 <li> 标签追加到 taskList 指向的 <ul> 标签中
}
document.getElementById('task').value='';// 清空输入框中的内容
}
3. 定义函数 completeTask(event)，调用 event.target.classList.toggle('completed') 切换目标元素的样式，从 CSS 设置的 completed 样式显示删除线。
function completeTask(event){
    event.target.classList.toggle('completed');
}
4. 定义函数 deleteTask(event)，运行 event.target.parentNode.remove() 实现删除元素的功能。
function deleteTask(event){
    event.target.parentNode.remove();
}
```

（2）index.html 文件的代码如下。

```
<!DOCTYPE html>
<html>
  <head>
    <meta charset="UTF-8">
    <title>清单管理（添加与删除）</title>
<link rel="stylesheet" type="text/css" href="css/mycss.css"/>
  </head>
  <body>
    <h1>清单管理</h1>
    <input type="text" id="task" placeholder="输入内容">
    <button onclick="addTask()">添加到清单</button>
    <ul id="taskList"></ul>
```

```
<script>
  const taskList=document.getElementById('taskList');
  function addTask(){
    const task=document.getElementById('task').value;
    if (task !==''){
      const li=document.createElement('li');
      li.textContent=task;
      li.addEventListener('click',completeTask);
      const deleteBtn=document.createElement('button');
      deleteBtn.textContent='删除';
      deleteBtn.addEventListener('click',deleteTask);
      li.appendChild(deleteBtn);
      taskList.appendChild(li);
    }
    document.getElementById('task').value='';
  }
  function completeTask(event){
    event.target.classList.toggle('completed');
  }
  function deleteTask(event){
    event.target.parentNode.remove();
  }
</script>
  </body>
</html>
```

知识链接

1. document.createElement( )

document.createElement( )是一种JavaScript方法，用于创建新的HTML元素，并返回一个对该元素的引用。

例5.2.3：通过document.createElement( )方法动态创建新的button元素。代码如下。

```
const deleteBtn=document.createElement('button');
deleteBtn.textContent='删除';
```

在上述代码中，使用document.createElement( )方法创建了一个新的button元素，并将其存储在deleteBtn变量中。然后，使用.textContent属性设置该元素的文本内容为"删除"。

event.target.parentNode.remove( )是一种常见的JavaScript操作，用于删除指定元素的父元素节点。

2. event.target.parentNode.remove( )

在JavaScript中，通过event.target属性获取当前触发事件的元素，然后使用.parentNode属性获取该元素的父元素节点，最后使用.remove( )方法删除该父元素节点。

(3) mycss.css 文件的代码如下。

```css
ul{
    list-style-type:none;
    padding:0;
}
li{
    margin:10px;
    padding:10px;
    border:1px solid black;
    display:flex;
    justify-content:space-between;
    align-items:center;
}
.completed{
    text-decoration:line-through;
    color:grey;
}
```

(4) 在浏览器中运行 index.html 文件，如图 5-3 所示。

在上述代码中，创建了一个待办事项清单应用。它包含一个文本输入框和一个添加按钮，用户可以通过输入框添加新任务。每个任务都以列表项的形式显示在页面中，并且提供了一个删除按钮和一个完成任务的功能。当用户单击某个任务时，completeTask( ) 函数就会被调用，它会将该任务标记为已完成或未完成。当用户单击某个任务的删除按钮时，deleteTask( ) 函数就会被调用，它会将该任务从列表中删除。

通过这个应用案例可以看到，JavaScript 可以与 HTML 和 CSS 一起使用，创建出一些实用的、具有交互性的 Web 应用程序。

任务三 图片浏览器

知识准备

1. images.forEach((img, index) => {...})

images.forEach((img, index) => {...}) 是一种使用 JavaScript 数组 images 的 forEach( ) 方法进行遍历的常见操作。为了在数组中对每个元素执行一些操作。

在 JavaScript 中，数组是一种常见的数据类型，可以存储多个值，并根据需要进行添加、删除、修改等操作。可以使用 forEach( ) 方法进行数组元素的遍历操作。

2. JavaScript 数组

在 JavaScript 中，数组是一个有序的、可变长的集合，每个元素都包含一个对应的索引值，从 0 开始递增。数组中可以存储不同类型的值，包括数字、字符串、布尔值、对象、函数等。

任务描述

（1）单击"上一张"按钮，显示上一张图片。

（2）单击"下一张"按钮，显示下一张图片。

（3）实现图片浏览器的功能，如图 5-5 所示。

图 5-5 实现图片浏览器的功能

实现步骤

（1）启动 HBuilderX 软件，创建一个"普通项目"的"基本 HTML 项目"模板，把需要用到的图片文件复制到"img"目录中，在"css"目录中创建 mycss.css 文件，编辑 index.html 文件，如图 5-6 所示。

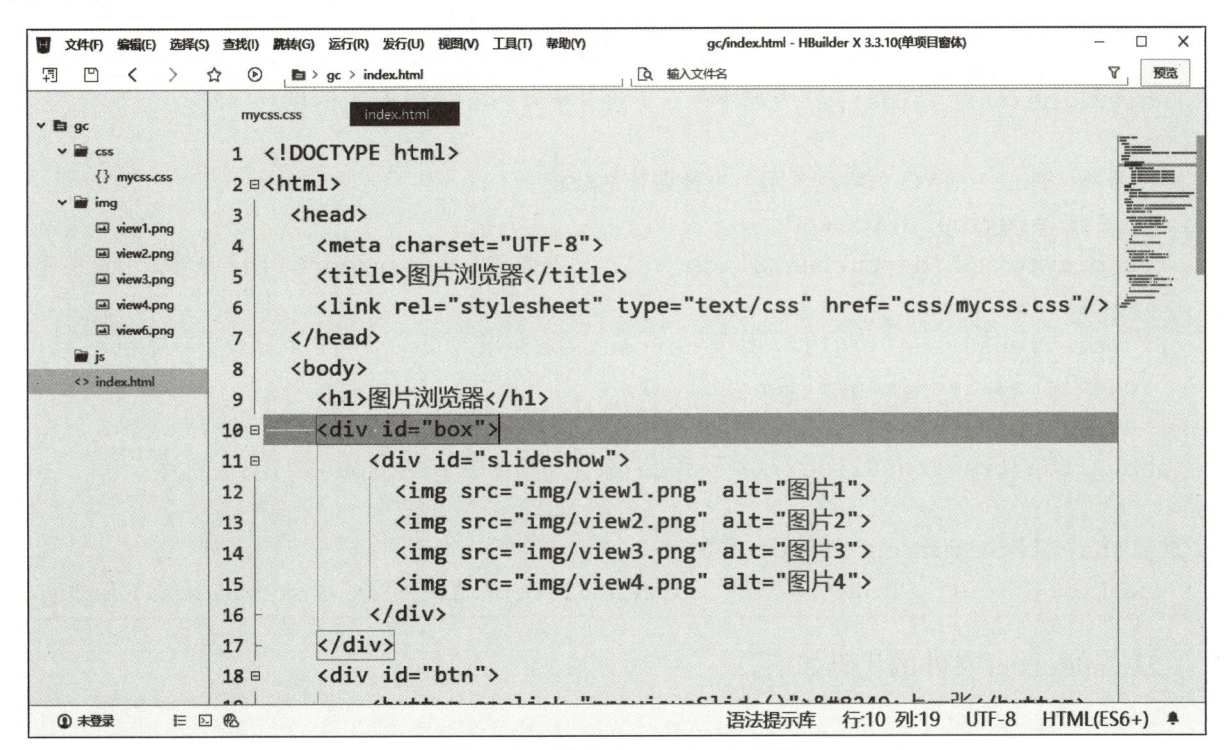

图 5-6 编辑 index.html 文件

部分 JavaScript 代码的功能解读见表 5-3。

表 5-3　部分 JavaScript 代码的功能解读

1. 拾取元素对象和定义变量。
    ```
    const slideshow=document.getElementById('slideshow');//定义变量指向 id 为 slideshow 的标签
    const images=slideshow.querySelectorAll('img');//定义变量 images 指向 <img> 标签，因为有多个 <img>，所以变量 images 为数组变量
    let currentSlide=0;//定义变量 currentSlide, 初始化值为 0
    ```
2. 定义函数 showSlide(slideIndex)，显示当前图片。
    ```
    function showSlide(slideIndex){//参数 slideIndex 是一个索引号，用于确定显示第几张图片
      images.forEach((img,index)=>{//遍历每一张图片
        if (index===slideIndex){//当 index 值与 slideIndex 值相等时
          img.style.display='block';//设置图片显示
        } else{//if 条件不成立时
          img.style.display='none';//设置图片不显示
        }
      });
      currentSlide=slideIndex;//用变量 currentSlide 记录 slideIndex 数值，确认第几张图在显示
    }
    ```
3. 定义函数 nextSlide()，实现显示下一张图片的功能。
    ```
    function nextSlide(){
      let nextSlide=currentSlide + 1;//数字加 1，准备显示下一张图片
      if (nextSlide >=images.length){//判断当前是否达到最大张数
        nextSlide=0;//如果达到最大张数，又从第 1 张开始，索引号为 0 表示第 1 张
      }
      showSlide(nextSlide);//显示下一张（索引号为 nextSlide）图片
    }
    ```
4. 定义函数 nextSlide()，实现显示上一张图片的功能。
    ```
    function previousSlide(){
      let previousSlide=currentSlide - 1;//当前索引号 currentSlide 减 1，记录在变量 previousSlide
      if (previousSlide < 0){//如果 currentSlide 比 0 小，说明已到达最前一张图片
        previousSlide=images.length - 1;
      }
      showSlide(previousSlide);//显示上一张（索引号为 previousSlide）图片
    }
    ```
5. 执行 showSlide(currentSlide) 函数。
    ```
    showSlide(currentSlide);//参考 currentSlide 的值，执行一次 showSlide() 函数
    ```

（2）index.html 文件的代码如下。

```
<!DOCTYPE html>
<html>
```

```html
<head>
  <meta charset="UTF-8">
  <title>图片浏览器</title>
  <link rel="stylesheet" type="text/css" href="css/mycss.css"/>
</head>
<body>
  <h1>图片浏览器</h1>
  <div id="slideshow">
    <img src="img/view1.png" alt="图片1">
    <img src="img/view2.png" alt="图片2">
    <img src="img/view3.png" alt="图片3">
    <img src="img/view4.png" alt="图片4">
  </div>
  <div id="btn">
     <button onclick="previousSlide()">&#8249;上一张</button>
     <button onclick="nextSlide()">下一张&#8250;</button>
  </div>
   <script>
     const slideshow=document.getElementById('slideshow');
     const images=slideshow.querySelectorAll('img');
     let currentSlide=0;
     function showSlide(slideIndex){
       images.forEach((img,index)=>{
         if (index===slideIndex){
           img.style.display='block';
         } else{
           img.style.display='none';
         }
       });
       currentSlide=slideIndex;
     }
     function nextSlide(){
       let nextSlide=currentSlide + 1;
       if (nextSlide >=images.length){
         nextSlide=0;
       }
       showSlide(nextSlide);
     }
     function previousSlide(){
       let previousSlide=currentSlide - 1;
       if (previousSlide < 0){
         previousSlide=images.length - 1;
       }
       showSlide(previousSlide);
     }
     showSlide(currentSlide);
   </script>
</body>
</html>
```

> **知识链接**
>
> "img.style.display='block';"的作用是将指定图片元素的显示方式设置为块级元素。
>
> 在HTML中，display属性用于指定元素在页面中的显示方式。
>
> display属性的常见取值如下。
>
> （1）block：将元素显示为块级元素，即在页面上独占一行，并且在默认情况下会撑满父元素的宽度。
>
> （2）inline：将元素显示为内联元素，即在页面上不会换行，尽可能占据与内容相符的空间。
>
> （3）none：将元素隐藏，不在页面上显示，也不占据空间。
>
> 使用"img.style.display='block';"时，表示你将对应的图片元素的显示方式设置为块级元素。这意味着该图片元素会独占一行，并且会撑满其父元素的宽度。
>
> 使用"img.style.display='none';"时，表示将对应的图片元素的显示方式设置为none，从而隐藏该元素。这意味着无论在何种情况下，该图片元素都不会在页面上显示出来，并且不会占用其他元素的位置。

（3）mycss.css文件的代码如下。

```css
#slideshow{
    width:600px;
    height:300px;
    overflow:hidden;
    position:relative;
}
#slideshow img{
    width:100%;
    height:100%;
}
#slideshow button{
    font-size:20px;
    padding:10px;
    margin:5px;
}
#btn{
    margin-top:10px;
    width:600px;
    text-align:center;
}
```

（4）在浏览器中运行index.html文件，如图5-5所示。

任务四 图片轮播控制器

知识准备

JavaScript 中有两个常用的计时器函数：setTimeout( ) 和 setInterval( )。

1. setTimeout() 函数

setTimeout( ) 函数用于在指定的时间之后执行一次指定的函数或代码块。它接受两个参数：要执行的函数或代码块以及延迟的毫秒数。

例 5.4.1：使用 setTimeout( ) 函数。代码如下。

```
setTimeout(function(){
  // 在延迟 1000ms（1s）之后执行的代码
  console.log("Hello,World!");
},1000);
```

在上述代码中，setTimeout( ) 函数被调用并设置了一个匿名函数作为要执行的代码块。该函数会在延迟 1 000 ms（1 s）之后执行，输出"Hello, World!"到控制台。

2. setInterval() 函数

setInterval( ) 函数用于按照指定的时间间隔重复执行指定的函数或代码块。它接受两个参数：要执行的函数或代码块以及时间间隔的毫秒数。

例 5.4.2：使用 setInterval( ) 函数。代码如下。

```
var count=1;
var intervalId=setInterval(function(){
  // 每隔 1000ms（1s）执行一次的代码
  console.log("Count:" + count);
  count++;
  // 当 count 达到 5 时，清除计时器
  if (count > 5){
    clearInterval(intervalId);
  }
},1000);
```

在上述代码中，setInterval( ) 函数被调用并设置了一个匿名函数作为要执行的代码块。该函数会每隔 1 000 ms 秒（1 s）执行一次，输出当前计数值到控制台。当计数值 count 达到 5 时，使用 clearInterval( ) 清除计时器，停止代码的执行。

注意，在使用 setTimeout( ) 或 setInterval( ) 后，尽可能清除计时器，以避免不必要的资源浪费。

任务描述

（1）单击"开始"按钮，图片自动轮播切换。

（2）单击"暂停"按钮，图片暂停轮播切换。

（3）实现图片轮播控制器的功能，如图 5-7 所示。

图 5-7　实现图片轮播控制器的功能

实现步骤

（1）启动 HBuilderX 软件，创建一个"普通项目"的"基本 HTML 项目"模板，把需要用到的图片文件复制到"img"目录中，在"css"目录中创建 mycss.css 文件，编辑 index.html 文件，如图 5-8 所示。

图 5-8　编辑 index.html 文件

部分 JavaScript 代码的功能解读见表 5-4。

表 5-4　部分 JavaScript 代码的功能解读

```
1. 拾取元素对象和定义变量。
const slideshow=document.getElementById('slideshow');//定义变量指向id为
slideshow 的标签
const images=slideshow.querySelectorAll('img');//定义变量images指向<img>标
签，因为有多个<img>，所以变量images为数组变量
  let currentSlide=0;//定义变量currentSlide，初始化值为0
  let intervalId;//定义变量intervalId，无初始化值，默认为空值
2. 定义函数 showSlide(slideIndex)，显示当前图片。
  function showSlide(slideIndex){//参数slideIndex是一个索引号，用于确定显示第几
张图片
    images.forEach((img,index)=>{//遍历每一张图片
      if (index===slideIndex){//当index值与slideIndex值相等时
        img.style.display='block';//设置图片显示
      } else{//if条件不成立时
        img.style.display='none';//设置图片不显示
      }
    });
    currentSlide=slideIndex;//用变量currentSlide记录slideIndex数值，确认第几
张图在显示
  }
3. 定义函数 startSlideshow()，实现开始轮播的功能。
function startSlideshow(){
if (!intervalId){//如果变量 intervalId 的值不是undefined、null 或者 false，即没
有设置计时器，就执行以下计时器
intervalId=setInterval(function (){//执行计时器，用变量intervalId记录计时器
let nextSlide=currentSlide + 1;//当前索引号增加1
if (nextSlide >=images.length){//如果当前索引号大于等于最大图片张数
  nextSlide=0;//索引号被赋值为0，实现从第一张图片开始显示的功能
}
showSlide(nextSlide);//显示nextSlide对应的索引号的图片
},500);//每0.5s 计时一次
  }
}
4. 定义函数 stopSlideshow()，用停止计时器的办法实现暂停图片轮播的功能。
function stopSlideshow(){//每0.5s 计时一次
  if (intervalId){//如果变量 intervalId 的值为true
    clearInterval(intervalId);//清除记时器intervalId
    intervalId=null;//计时器变量intervalId设为null
  }
}
```

（2）index.html 文件的代码如下。

```html
<!DOCTYPE html>
<html>
  <head>
    <meta charset="UTF-8">
    <title>图片轮播控制器</title>
    <link rel="stylesheet" type="text/css" href="css/mycss.css"/>
  </head>
  <body>
    <h1>图片轮播控制器</h1>
    <div id="slideshow">
      <img src="img/view1.png" alt="图片1">
      <img src="img/view2.png" alt="图片2">
      <img src="img/view3.png" alt="图片3">
      <img src="img/view4.png" alt="图片4">
    </div>
    <button onclick="startSlideshow()">开始</button>
    <button onclick="stopSlideshow()">暂停</button>
    <script>
      const slideshow=document.getElementById('slideshow');
      const images=slideshow.querySelectorAll('img');
      let currentSlide=0;
      let intervalId;
      function showSlide(slideIndex){
        images.forEach((img,index)=>{
          if (index===slideIndex){
            img.style.display='block';
          } else{
            img.style.display='none';
          }
        });
        currentSlide=slideIndex;
      }
      function startSlideshow(){
        if (!intervalId){
          intervalId=setInterval(function (){
            let nextSlide=currentSlide + 1;
            if (nextSlide >=images.length){
              nextSlide=0;
            }
            showSlide(nextSlide);
          },500);
        }
      }
      function stopSlideshow(){
        if (intervalId){
          clearInterval(intervalId);
          intervalId=null;
        }
      }
```

```
        showSlide(currentSlide);
    </script>
  </body>
</html>
```

知识链接

1. setInterval( )

setInterval( ) 是 JavaScript 中一个常用的计时器函数，它可以在指定的时间间隔内反复执行指定的函数。

例 5.4.3：每间隔 500 ms 执行一次 showSlide(nextSlide) 函数。代码如下。

```
intervalId=setInterval(function (){
    showSlide(nextSlide);
},500);
```

其中 intervalId 是记录计时器的唯一标识符。如果要取消该计时器，可以执行语句 clearInterval(intervalId)，取消对计时器的操作。

2. clearInterval(intervalId)

clearInterval(intervalId) 是 JavaScript 中用于停止由 setInterval( ) 函数创建的计时器的函数，参数 intervalId 是由 setInterval( ) 函数返回的标识符，代表要取消的计时器。

（3）mycss.css 文件的代码如下。

```
#slideshow{
  width:600px;
  height:300px;
  overflow:hidden;
  position:relative;
}
#slideshow img{
  width:100%;
  height:100%;
}
#slideshow button{
  font-size:20px;
  padding:10px;
  margin:5px;
}
#btn{
  margin-top:10px;
  width:600px;
  text-align:center;
}
```

（4）在浏览器中运行 index.html 文件，如图 5-7 所示。

任务五　全屏弹窗

知识准备

window 是 JavaScript 中的全局对象,表示浏览器窗口(或标签页)的顶级对象。它提供了与浏览器窗口和页面交互的各种属性和方法。

window 对象常用的属性和方法见表 5-5。

表 5-5　window 对象常用的属性和方法

属性/方法	说明
window.alert(message)	显示一个带有指定消息文本的警告框
window.confirm(message)	显示一个带有指定消息和确定、取消按钮的确认框,返回用户的选择结果
window.prompt(message, default)	显示一个带有指定消息和文本输入框的提示框,返回用户输入的文本
window.open(url, target, features)	打开一个新的浏览器窗口或标签页,并加载指定的 URL
window.close( )	关闭当前窗口或标签页
window.location	提供与当前页面 URL 相关的信息和操作,比如 window.location.href 可以获取当前页面的 URL
window.document	表示当前窗口中加载的文档对象,通过它可以访问和修改页面内容
window.setTimeout(function, delay)	在指定的延迟时间后执行一次指定的函数或代码块
window.setInterval(function, interval)	按照指定的时间间隔重复执行指定的函数或代码块
window.addEventListener(event, function)	用于向窗口对象添加事件监听器

window.onclick 是 JavaScript 中用于处理全局单击事件的属性。

当用户单击页面中的任意位置时,会触发 click 事件。window.onclick 属性可以用来监听这个全局的单击事件,并在触发事件时执行相应的代码。

通过监听 window.onclick 事件,可以实现一些与全局单击事件相关的功能,比如关闭弹出框、隐藏下拉菜单等。

任务描述

(1)单击"打开全屏弹窗"按钮,居中显示弹窗,背景被灰色遮罩层遮盖。

(2)单击弹窗右上角的关闭("×")按钮,隐藏弹窗。

（3）单击背景灰色遮罩层，也可以隐藏弹窗。

（4）实现全屏弹窗的功能，如图5-9所示。

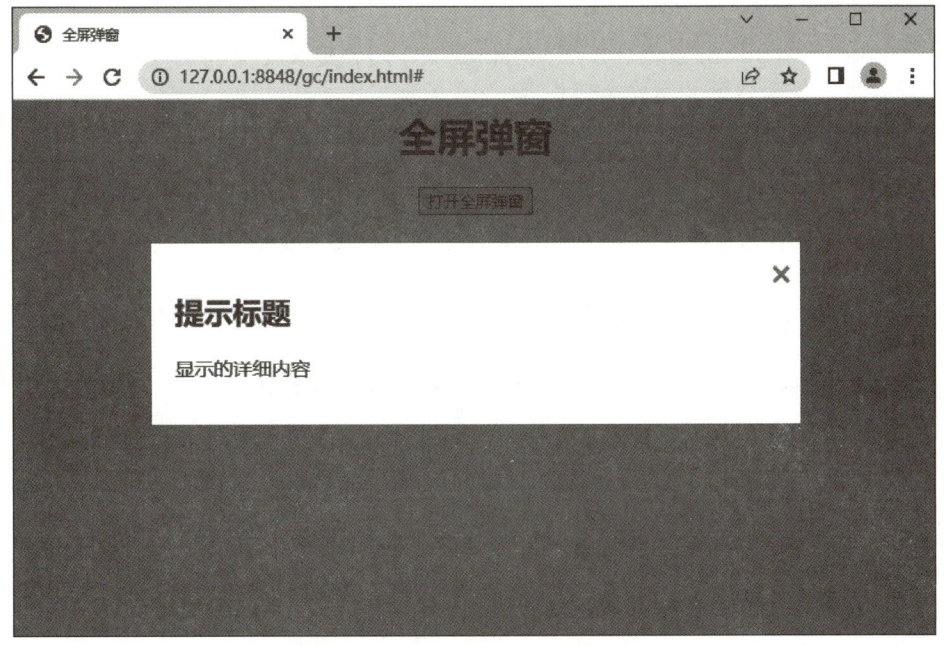

图5-9 实现全屏弹窗的功能

实现步骤

（1）启动HBuilderX软件，创建一个"普通项目"的"基本HTML项目"模板，在"css"目录中创建mycss.css文件，编辑index.html文件，如图5-10所示。

图5-10 编辑index.html文件

部分 JavaScript 代码的功能解读见表 5-6。

表 5-6　部分 JavaScript 代码的功能解读

```
1. 拾取元素对象和定义变量。
var modal=document.getElementById("modal");// 定义变量指向 id 为 modal 的标签，这
个标签为灰色背景层，包含弹窗显示的全部内容
var modalButton=document.getElementById("modal-button");// 定义变量指向 id 为
modal-button 的标签，这个标签是 " 打开全屏弹窗 " 按钮
var close=document.getElementsByClassName("close")[0];// 定义变量 close 指向
class 名为 close 的所有标签的索引号为 0（即第 1 个，数组变量的第 1 个索引号为 0），这个标签
是弹窗的关闭按钮
2. 为 modalButton 绑定 click 事件，执行匿名函数，实现显示 modal 元素的功能。
modalButton.onclick=function(){
    modal.style.display="block";// 显示 modal 元素的功能
}
3. 为 modalButton 绑定 click 事件，执行匿名函数，实现隐藏 modal 元素的功能。
close.onclick=function(){
    modal.style.display="none";// 隐藏 modal 元素的功能
}
4. 为 window 绑定 click 事件，执行匿名函数，实现隐藏元素的功能。
window.onclick=function(event){
    if (event.target==modal){// 如果被单击的目标是 moda 元素
        modal.style.display="none";// 隐藏 modal 元素的功能
    }
}
```

（2）index.html 文件的代码如下。

```
<!DOCTYPE html>
<html>
<head>
    <title>全屏弹窗</title>
    <link rel="stylesheet" type="text/css" href="css/mycss.css"/>
</head>
<body>
    <h1>全屏弹窗</h1>
    <button id="modal-button">打开全屏弹窗</button>
    <div class="modal" id="modal">
        <div class="modal-content">
            <span class="close">&times;</span>
            <h2>提示标题</h2>
            <p>显示的详细内容</p>
        </div>
    </div>
    <script>
        var modal=document.getElementById("modal");
        var modalButton=document.getElementById("modal-button");
        var close=document.getElementsByClassName("close")[0];
        modalButton.onclick=function(){
            modal.style.display="block";
        }
```

```
        close.onclick=function(){
            modal.style.display="none";
        }
        window.onclick=function(event){
            if (event.target==modal){
                modal.style.display="none";
            }
        }
    </script>
</body>
</html>
```

知识链接

1. document.getElementsByClassName("close")[0]

document.getElementsByClassName( ) 是 JavaScript 中一个常用的 DOM 操作函数，它可以根据类名获取文档中所有匹配指定类名的元素，并返回一个包含这些元素对象的数组。如果没有匹配的元素，则返回空数组。document.getElementsByClassName("close")[0] 就是这些对象的数组的第一个元素。

2. display 属性表示元素的显示方式

在 JavaScript 中，style 属性可以用于访问和修改元素的 CSS 样式。display 属性表示元素的显示方式，常用的值包括 none、block、inline、inline-block 等。

例 5.5.1：将 modal 元素设为不可见。代码如下。

```
const modal=document.getElementById('modal');
modal.style.display='none';
```

如果要显示元素，可以将 display 属性设为 block 或其他适当的值。

例 5.5.2：将 modal 元素设为可见。代码如下。

```
const modal=document.getElementById('modal');
modal.style.display='block';
```

（3）mycss.css 文件的代码如下。

```
body{
    display:flex;
    flex-direction:column;
    align-items:center;
}
h1{
    margin-top:0;
}
.modal{
    display:none;
    position:fixed;
```

```
        z-index:1;
        left:0;
        top:0;
        width:100%;
        height:100%;
        overflow:auto;
        background-color:rgba(0,0,0,0.4);
    }
    .modal-content{
        background-color:#fefefe;
        margin:15% auto;
        padding:20px;
        border:1px solid #888;
        width:80%;
        max-width:500px;
        position:relative;
    }
    .close{
        position:absolute;
        top:0;
        right:0;
        font-size:28px;
        font-weight:bold;
        color:#aaa;
        padding:5px;
        cursor:pointer;
    }
    .close:hover,
    .close:focus{
        color:black;
        text-decoration:none;
        cursor:pointer;
    }
```

（4）在浏览器中运行 index.html 文件，如图 5-9 所示。

任务六　自动过滤查找

知识准备

在 JavaScript 中，remove() 和 add() 是用于操作 DOM 元素的方法。

1. remove() 方法

remove() 方法用于从 DOM 中移除指定的元素。

例 5.6.1：

```
var element=document.getElementById('myElement');
element.remove();
```

在上述代码中，使用 getElementById( ) 方法获取 id 为 'myElement' 的元素，并调用 remove( ) 方法将其从 DOM 中移除。

2. add( ) 方法

add( ) 方法用于向 DOM 中添加一个新元素。

例 5.6.2：

```
var parentElement=document.getElementById('parent');
var newElement=document.createElement('div');
newElement.textContent='New Element';
parentElement.appendChild(newElement);
```

在上述代码中，使用 getElementById( ) 方法获取 id 为 'parent' 的父元素。然后，使用 createElement( ) 方法创建一个新的 div 元素，并设置其文本内容为 'New Element'。最后，使用 appendChild( ) 方法将新元素添加到父元素中。

可以通过操作 DOM 来动态地添加、移除或修改页面上的元素和内容。应根据具体的需求和场景选择合适的方法操作 DOM 元素。

任务描述

（1）正常显示信息列表。

（2）在输入框中输入字符时，进行动态过滤，显示包含所输入字符的信息。

（3）实现自动过滤查找的功能，如图 5-11 所示。

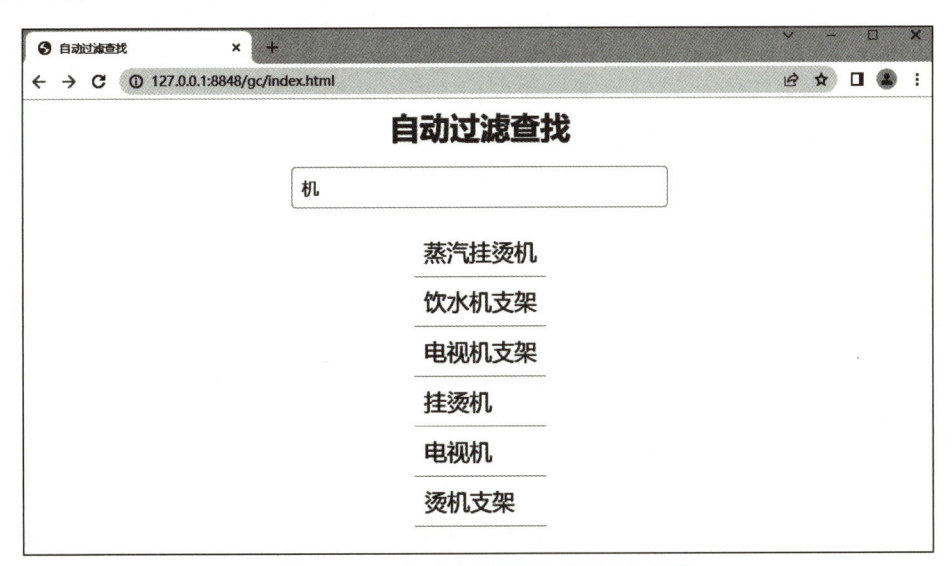

图 5-11　实现自动过滤查找的功能

> **实现步骤**

（1）启动 HBuilderX 软件，创建一个"普通项目"的"基本 HTML 项目"模板，在"css"目录中创建 mycss.css 文件，编辑 index.html 文件，如图 5-12 所示。

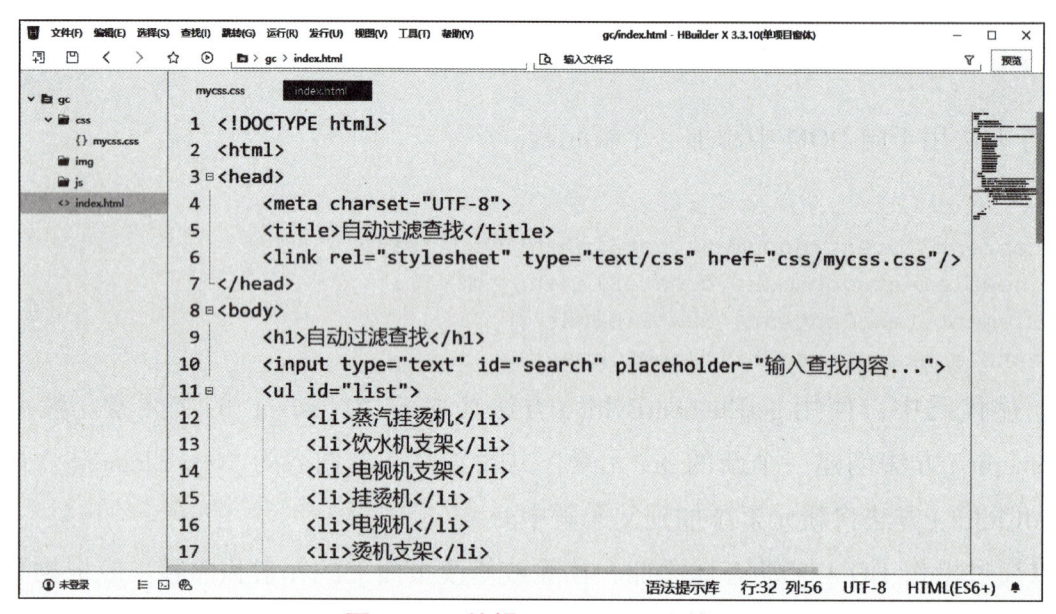

图 5-12　编辑 index.html 文件

部分 JavaScript 代码的功能解读见表 5-7。

表 5-7　部分 JavaScript 代码的功能解读

```
1.拾取元素对象和定义变量。
const searchInput=document.getElementById('search');// 定义变量指向 id 为 search 的标签
const list=document.getElementById('list');// 定义变量指向 id 为 list 的标签
const listItem=list.getElementsByTagName('li');// 定义变量 listItem 指向所有 <li> 标签，变量 listItem 为数组变量
2.为 searchInput 绑定监听 keyup 事件，实现自动过滤查找的功能。
searchInput.addEventListener('keyup',()=>{
    const searchValue=searchInput.value.toLowerCase();// 把输入框中的内容转为小写并赋给变量 searchValue
    for (let i=0; i < listItem.length; i++){// 遍历所有行
        const itemText=listItem[i].innerText.toLowerCase();// 把每行内容转为小写并赋给变量 itemText
        if (itemText.indexOf(searchValue) > -1){// 当 indexOf() 方法的返回值大于 -1 时，代表原始字符串中包含了指定的子字符串
            listItem[i].classList.remove('hidden');// 移去 hidden 样式
        } else{
            listItem[i].classList.add('hidden');// 添加 hidden 样式
        }
    }
});
```

（2）index.html 文件的代码如下。

```html
<!DOCTYPE html>
<html>
<head>
    <meta charset="UTF-8">
    <title>自动过滤查找</title>
    <link rel="stylesheet" type="text/css" href="css/mycss.css"/>
</head>
<body>
    <h1>自动过滤查找</h1>
    <input type="text" id="search" placeholder="输入查找内容...">
    <ul id="list">
        <li>蒸汽挂烫机</li>
        <li>饮水机支架</li>
        <li>电视机支架</li>
        <li>挂烫机</li>
        <li>电视机</li>
        <li>烫机支架</li>
        <li>自动摇头电风扇</li>
        <li>电动剃须刀</li>
        <li>电动牙刷头</li>
        <li>电热水龙头</li>
        <li>蓝牙音箱</li>
        <li>蓝牙音响</li>
        <li>电视支架</li>
    </ul>
    <script>
        const searchInput=document.getElementById('search');
        const list=document.getElementById('list');
        const listItem=list.getElementsByTagName('li');
        searchInput.addEventListener('keyup',()=>{
            const searchValue=searchInput.value.toLowerCase();
            for (let i=0; i < listItem.length; i++){
                const itemText=listItem[i].innerText.toLowerCase();
                if (itemText.indexOf(searchValue) > -1){
                    listItem[i].classList.remove('hidden');
                } else{
                    listItem[i].classList.add('hidden');
                }
            }
        });
    </script>
</body>
</html>
```

知识链接

1. list.getElementsByTagName('li')

getElementsByTagName( )是JavaScript中一个常用的DOM操作函数，它可以根据标签名获取文档中所有匹配指定标签名的元素，并返回一个包含这些元素对象的HTMLCollection集合。

例5.6.2：从获取文档中所有 <li> 标签的元素，返回元素列表。

文档中的HTML代码如下。

```
<ul>
    <li>Item 1</li>
    <li>Item 2</li>
    <li>Item 3</li>
</ul>
```

文档中的JavaScript代码如下。

```
const lis=document.getElementsByTagName('li');
```

以上代码将返回文档中所有 <li> 标签对应的元素列表。

2. indexOf(searchValue) > −1

在JavaScript中，indexOf(searchValue)是一个字符串方法，用于检查字符串中是否包含指定的子串searchValue。如果包含，则返回子串第一次出现的位置，否则返回−1。

（3）mycss.css文件的代码如下。

```
body{
    display:flex;
    flex-direction:column;
    align-items:center;
}
h1{
    margin-top:0;
}
input{
    font-size:18px;
    padding:10px;
    border-radius:5px;
    border:1px solid #ccc;
    margin-bottom:20px;
    width:100%;
    max-width:400px;
    box-sizing:border-box;
}
ul{
    list-style:none;
    padding:0;
    margin:0;
```

```
}
li{
    font-size:24px;
    padding:10px;
    border-bottom:1px solid #ccc;
    cursor:pointer;
    transition:background-color 0.3s ease;
}
li:last-child{
    border-bottom:none;
}
li:hover{
    background-color:#f2f2f2;
}
.hidden{
    display:none;
}
```

（4）在浏览器中运行 index.html 文件，如图 5-12 所示。

任务七　图片轮播器

知识准备

HTMLCollection 对象是 JavaScript 中的一种集合类型，表示一组按照 DOM 文档顺序排列的元素集合。它类似数组，可以通过索引或迭代方式访问其中的元素。

HTMLCollection 对象通常由一些 DOM 方法返回，比如 getElementsByTagName( )、getElementsByClassName( ) 和 querySelectorAll( ) 等。

HTMLCollection 对象具有以下特点。

1. 实时性

HTMLCollection 对象是动态的，会随着 DOM 结构的变化而自动更新。当文档中的元素发生变化时，例如新增、删除或修改元素，HTMLCollection 对象会实时更新以反映最新状态。

2. 自动更新

如果使用 getElementsByTagName( ) 或类似方法获取 HTMLCollection 对象，并在后续改变文档结构，则 HTMLCollection 对象会自动更新以反映最新的 DOM 结构。

3. 只读性

HTMLCollection 对象是只读的，无法直接对其进行修改。如果需要修改其中的元素，则需要通过遍历集合并逐个操作元素的方法来实现。

例 5.7.1：

```
var elements=document.getElementsByTagName('div');
console.log(elements.length); // 输出 div元素的数量

for (var i=0; i < elements.length; i++){
  console.log(elements[i]); // 遍历输出每个div元素
}
```

在上述代码中，使用 getElementsByTagName('div') 获取文档中的所有 div 元素，并将它们保存在变量 elements 中。通过索引或循环遍历来访问和操作集合中的元素。

需要注意的是，HTMLCollection 对象不是数组，因此它并不具有一些数组特有的方法和属性，例如 forEach( ) 和 map( )。如果希望使用这些方法，可以将 HTMLCollection 对象转换为真正的数组。

document.getElementsByTagName('img') 是一个 JavaScript 的 DOM 方法，用于获取文档中所有指定标签名称的元素，返回一个类似数组的 HTMLCollection 对象。

任务描述

（1）每隔 2 s，图片自动轮播。
（2）图片轮播设有过渡动态效果。
（3）单击 "<" 号，显示上一张图片。
（4）单击 ">" 号，显示下一张图片。
（5）实现图片轮播器的功能，如图 5-13 所示。

实现步骤

（1）启动 HBuilderX 软件，创建一个"普通项目"的"基本 HTML 项目"模板，把需要用到的图片文件复制到"img"目录中，在"css"目录中创建 mycss.css 文件，编辑 index.html 文件，如图 5-14 所示。

图 5-13　实现图片轮播器的功能

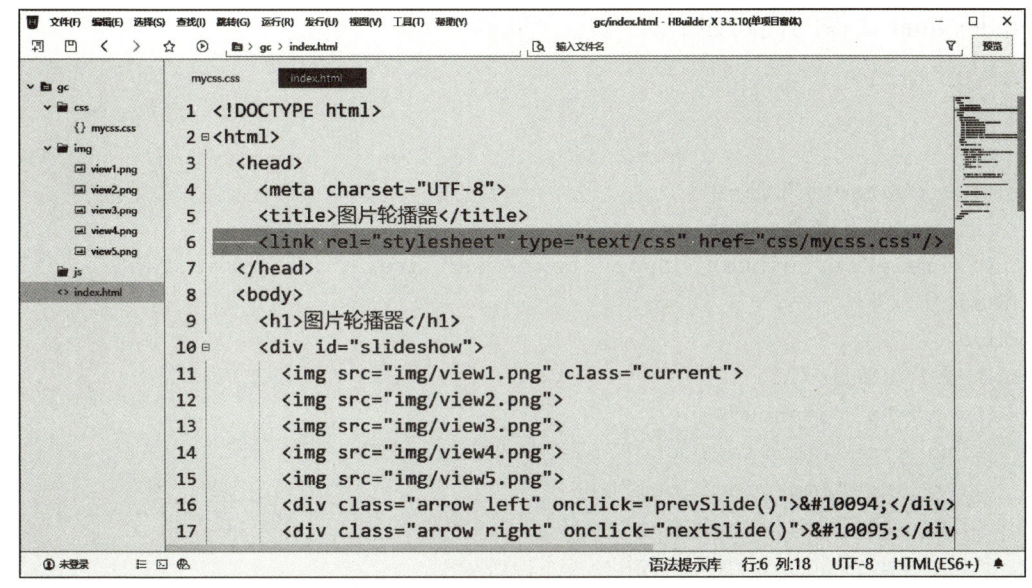

项目五 JavaScript 交互页面进阶 239

图 5-14 编辑 index.html 文件

部分 JavaScript 代码的功能解读见表 5-8。

表 5-8 部分 JavaScript 代码的功能解读

```
1. 定义变量。
let currentSlide=0;// 定义变量 currentSlide，初始值为 0
2. 定义 showSlide(n) 函数，实现图片轮播功能。
function showSlide(n){
    const slides=document.getElementsByTagName('img');// 定义变量 listItem 指向所有
<img> 标签，变量 slides 为数组变量
    if (n > slides.length - 1){// 如果参数 n 的值大于图片总张数
      currentSlide=0;// 变量 currentSlide 初始化为 0
    } else if (n < 0){// 如果参数 n 小于 0
      currentSlide=slides.length - 1;// 变量 currentSlide 被赋值为最后一张图片的索引值
    } else{// 其他情况
      currentSlide=n;// 变量 currentSlide 被赋值为 n 的值
    }
    for (let i=0; i < slides.length; i++){// 遍历所有图片对象
      slides[i].classList.remove('current');// 移去 current 样式，即初始化所有图片样式
    }
    slides[currentSlide].classList.add('current');// 为当前图片添加 current 样式
}
3. 定义 nextSlide() 函数，实现显示下一张图片的功能。
function nextSlide(){
    showSlide(currentSlide + 1);// 把 currentSlide 增加 1 作为参数，实现显示下一张图片的功能
}
4. 定义 prevSlide() 函数，实现显示上一张图片的功能。
function prevSlide(){
    showSlide(currentSlide - 1);// 把 currentSlide 减少 1 作为参数，实现显示上一张图片的功能
}
5. 设定计时器，每 2 s 执行一次 nextSlide() 函数，实现图片轮播功能。
setInterval(nextSlide,2000);// 每隔 2 s 显示下一张图片
```

（2）index.html 文件的代码如下。

```html
<!DOCTYPE html>
<html>
  <head>
    <meta charset="UTF-8">
    <title>图片轮播器</title>
    <link rel="stylesheet" type="text/css" href="css/mycss.css"/>
  </head>
  <body>
    <h1>图片轮播器</h1>
    <div id="slideshow">
      <img src="img/view1.png" class="current">
      <img src="img/view2.png">
      <img src="img/view3.png">
      <img src="img/view4.png">
      <img src="img/view5.png">
      <div class="arrow left" onclick="prevSlide()">&#10094;</div>
      <div class="arrow right" onclick="nextSlide()">&#10095;</div>
    </div>
    <script>
      let currentSlide=0;
      function showSlide(n){
        const slides=document.getElementsByTagName('img');
        if (n > slides.length - 1){
          currentSlide=0;
        } else if (n < 0){
          currentSlide=slides.length - 1;
        } else{
          currentSlide=n;
        }
        for (let i=0; i < slides.length; i++){
          slides[i].classList.remove('current');
        }
        slides[currentSlide].classList.add('current');
      }
      function nextSlide(){
        showSlide(currentSlide + 1);
      }
      function prevSlide(){
        showSlide(currentSlide - 1);
      }

      setInterval(nextSlide,2000);
    </script>
  </body>
</html>
```

知识链接

1. slides[i].classList.remove('current')

在 JavaScript 中，classList 是一个用于获取元素类名的属性。它返回一个可读写、动态更改的 DOMTokenList 对象，用于在运行时修改元素的 class 属性。

classList 对象提供了多个方法，其中一个常见的方法是 remove( )，它可以用于从元素的类列表中删除指定的类名。

注意，classList 对象不支持在 Internet Explorer 9 及以下版本中使用。

2. slides[currentSlide].classList.add('current')

classList 对象提供了一个常见的方法是 add( )，它可以用于向元素的类列表中添加指定的类名。

（3）mycss.css 文件的代码如下。

```
#slideshow{
    width:600px;
    height:400px;
    position:relative;
    overflow:hidden;
}
#slideshow img{
    width:100%;
    height:100%;
    object-fit:cover;
    position:absolute;
    top:0;
    left:0;
    opacity:0;
    transition:opacity 1s ease-in-out;
}
#slideshow img.current{
    opacity:1;
}
.arrow{
    position:absolute;
    top:50%;
    transform:translateY(-50%);
    font-size:40px;
    color:white;
    cursor:pointer;
    background-color:rgba(66,66,66,0.5);
    height:100%;
    line-height:400px;
    width:30px;
```

```
}
.arrow.left{
    left:0px;
}
.arrow.right{
    right:0px;
}
```

（4）在浏览器中运行 index.html 文件，如图 5-13 所示。

任务八　任务备忘录

知识准备

trim( ) 是 JavaScript 中字符串对象的一个内建方法，用于去除字符串两端的空格和换行符等空白字符。该方法返回一个新字符串，原字符串不发生变化。

例 5.8.1：

```
var str='   hello world   ';
var trimmedStr=str.trim();
console.log(trimmedStr);  // 输出"hello world"，去除了字符串两端的空格
```

在上面的示例中，定义了一个包含空格的字符串，然后使用 trim( ) 方法去掉了字符串两端的空格，并将结果保存在 trimmedStr 变量中，最终输出新的字符串，即"hello world"。

注意，trim( ) 方法只会去除字符串两端的空格和换行符等空白字符，而不会修改字符串中间的空白字符。如果希望去除字符串中间的空白字符，可以使用正则表达式或其他方法来实现。

该方法在处理用户输入和文本数据时非常有用，可以帮助开发者快速并且可靠地去掉不必要的空格，从而提高代码效率和可读性。

任务描述

（1）在输入框中输入任务内容后，单击"添加"按钮，增加一行显示所添加内容，右侧显示"完成"和"删除"按钮。

（2）输入框中无输入内容且单击"添加"按钮时，提示"请输入任务名称！"。

（3）单击每行的"删除"按钮，删除当前行。

（4）单击每行的"完成"按钮，当前行内容设置删除线。

（5）实现任务备忘录的功能，如图 5-15 所示。

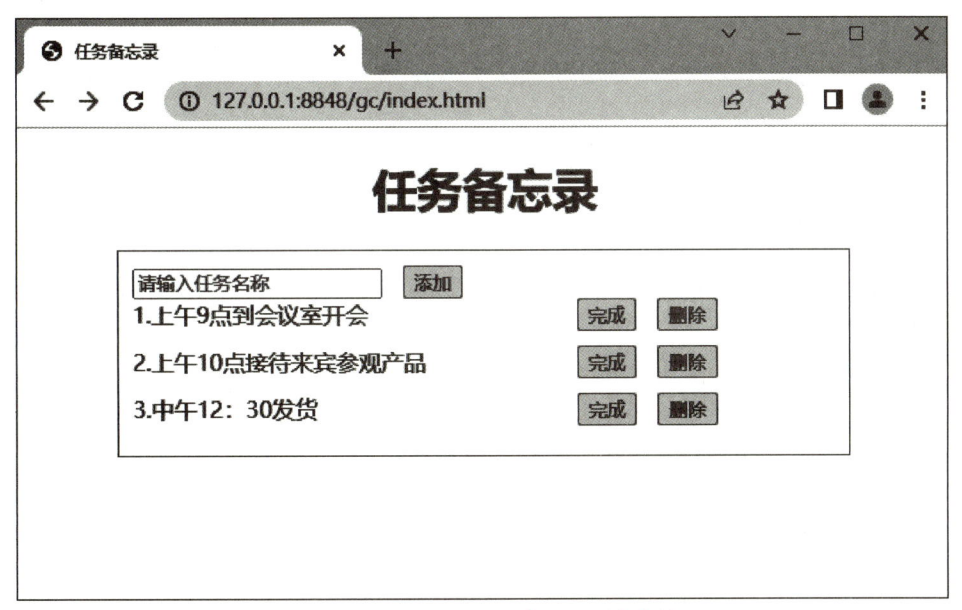

图 5-15　实现任务备忘录的功能

实现步骤

（1）启动 HBuilderX 软件，创建一个"普通项目"的"基本 HTML 项目"模板，在"css"目录中创建 mycss.css 文件，编辑 index.html 文件，如图 5-16 所示。

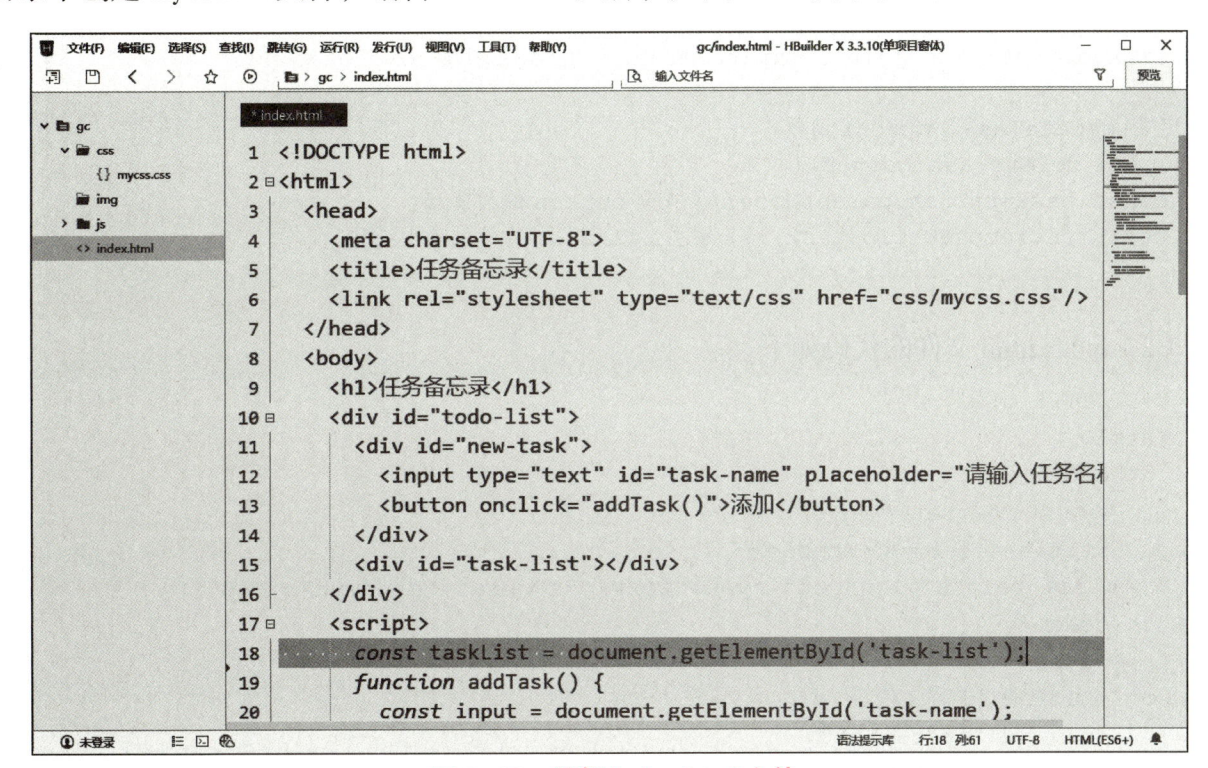

图 5-16　编辑 index.html 文件

部分 JavaScript 代码的功能解读见表 5-9。

表 5-9　部分 JavaScript 代码的功能解读

```
1. 定义变量。
const taskList=document.getElementById('task-list');// 定义变量 taskList 指向 id 为
task-list 的标签
2. 定义 addTask() 函数，实现添加任务内容的功能。
function addTask(){
    const input=document.getElementById('task-name');// 定义变量 input 指向 id 为
task-name 的标签
    const taskName=input.value.trim();// 去除字符串的输入框中的值并去除首尾空格
    if (taskName===''){// 如果字符串为空
      alert('请输入任务名称！');// 提示 "请输入任务名称！"
      return;// 结束程序
    }
    const task=document.createElement('div');// 创建一个 <div> 标签并记录在变量 task 中
    task.classList.add('task');// 为 <task> 标签添加 task 样式
    task.innerHTML='
      <span class="row">${taskName}</span>
      <button onclick="completeTask(this)"> 完成 </button>
      <button onclick="deleteTask(this)"> 删除 </button>
    ';
// 把 HTML 内容拼接成字符串赋给 task.innerHTML，设置为 task 的 HTML 内容
    taskList.appendChild(task);// 把 task 的 HTML 内容追加到列表中
    input.value='';// 清空输入框中的内容
}
3. 定义 completeTask(button) 函数。
function completeTask(button){
    const task=button.parentNode;// 找到 button 的父节点
    task.classList.toggle('completed');// 为 task 切换 completed 样式
}
4. 定义 deleteTask(button) 函数。
function deleteTask(button){
    const task=button.parentNode;// 找到 button 的父节点
    taskList.removeChild(task);// 删去 taskList 的子元素 task
}
```

（2）index.html 文件的代码如下。

```
<!DOCTYPE html>
<html>
  <head>
    <meta charset="UTF-8">
    <title>任务备忘录</title>
    <link rel="stylesheet" type="text/css" href="css/mycss.css"/>
  </head>
  <body>
    <h1>任务备忘录</h1>
    <div id="todo-list">
      <div id="new-task">
        <input type="text" id="task-name" placeholder="请输入任务名称">
```

```html
      <button onclick="addTask()">添加</button>
    </div>
    <div id="task-list"></div>
  </div>
  <script>
    const taskList=document.getElementById('task-list');
    function addTask(){
      const input=document.getElementById('task-name');
      const taskName=input.value.trim();
      if (taskName===''){
        alert('请输入任务名称！');
        return;
      }
      const task=document.createElement('div');
      task.classList.add('task');
      task.innerHTML=`
        <span class="row">${taskName}</span>
        <button onclick="completeTask(this)">完成</button>
        <button onclick="deleteTask(this)">删除</button>
      `;
      taskList.appendChild(task);
      input.value='';
    }
    function completeTask(button){
      const task=button.parentNode;
      task.classList.toggle('completed');
    }
    function deleteTask(button){
      const task=button.parentNode;
      taskList.removeChild(task);
    }
  </script>
</body>
</html>
```

知识链接

1. taskList.appendChild(task)

在 JavaScript 中，appendChild( ) 方法用于将一个节点（Node）添加到指定节点的子节点列表的末尾。

例 5.8.1：将名为 task 的节点添加到名为 taskList 的父节点中。代码如下。

```
const taskList=document.getElementById('tasklist');
const task=document.createElement('li');
task.textContent='标签内显示的文件';
taskList.appendChild(task);
```

在上述代码中，使用 getElementById( ) 方法获取 id 属性值为 tasklist 的父节点，记录在变量 taskList 中；使用 createElement( ) 方法创建一个新的 li 节点，记录在变量 task 中；通过更新 textContent 属性设置新节点的文本内容，最后使用 appendChild( ) 方法将其添加到父节点 taskList 中。

2. taskList.removeChild(task)

在 JavaScript 中，removeChild( ) 方法用于移除指定节点的子节点。它会从指定节点的子节点列表中删除一个节点，并返回被删除的节点。

例 5.8.2： 从名为 taskList 的父节点中移除名为 task 的子节点。

```
const taskList=document.getElementById('tasklist');
const task=document.querySelector('.task-item');
taskList.removeChild(task);
```

在上述代码中，使用 getElementById( ) 方法获取 id 为 tasklist 的父节点，记录在变量 taskList 中；使用 querySelector( ) 方法获取第一个类名为 task-item 的子节点 task。最后，使用 removeChild( ) 方法将子节点 task 从父节点 taskList 中移除。

注意，如果要移除的节点不存在，或者该节点不是指定节点的子节点，则 removeChild( ) 方法将会抛出一个错误。因此，在使用该方法时要格外注意所操作的节点，确保它们存在并且是正确的子节点。

（3）mycss.css 文件的代码如下。

```css
h1{
    text-align:center;
}
#todo-list{
    width:500px;
    border:1px solid black;
    padding:10px;
    margin:0 auto;
}
.task{
    margin-bottom:10px;
}
.completed{
    text-decoration:line-through;
}
.row{
    width:300px;
    display:inline-block;
}
button{
    margin-left:10px;
}
```

（4）在浏览器中运行 index.html 文件，如图 5-15 所示。

项目总结

本项目讲解的任务只涉及 JavaScript 中的部分 DOM 操作函数，要更全面地掌握 DOM 操作，就必须更全面地学习 DOM 操作函数。

常用的 DOM 操作函数如下。

getElementById(id)：通过元素的 id 属性获取单个元素。

getElementsByClassName(className)：通过元素的 class 属性获取一组元素。

getElementsByTagName(tagName)：通过元素的标签名获取一组元素。

querySelector(selector)：通过 CSS 选择器获取符合条件的第一个元素。

querySelectorAll(selector)：通过 CSS 选择器获取符合条件的所有元素。

createElement(tagName)：创建指定标签名的新元素。

appendChild(node)：将一个新节点添加到指定元素的子节点列表的末尾。

removeChild(node)：从指定元素的子节点列表中移除一个子节点。

replaceChild(newNode, oldNode)：用一个新节点替换指定元素的子节点列表中的一个旧节点。

insertBefore(newNode, referenceNode)：在指定元素的子节点列表中插入一个新节点，且在参考节点前插入。

setAttribute(name, value)：设置元素的属性值。

getAttribute(name)：获取元素的属性值。

classList.add(className)：向元素的 class 属性添加一个或多个类名。

classList.remove(className)：从元素的 class 属性中删除一个或多个类名。

classList.toggle(className)：切换元素的 class 属性中指定的类名。

这些函数可以访问和修改 HTML 页面中的元素和内容，实现丰富多样的交互效果。

项目评价

序号	任务	自评	教师评价
1	任务一：简易计算器	了解□ 熟练□ 精通□	了解□ 熟练□ 精通□
2	任务二：清单管理	了解□ 熟练□ 精通□	了解□ 熟练□ 精通□
3	任务三：图片浏览器	了解□ 熟练□ 精通□	了解□ 熟练□ 精通□
4	任务四：图片轮播控制器	了解□ 熟练□ 精通□	了解□ 熟练□ 精通□

续表

序号	任务	自评	教师评价
5	任务五：全屏弹窗	了解□ 熟练□ 精通□	了解□ 熟练□ 精通□
6	任务六：自动过滤查找	了解□ 熟练□ 精通□	了解□ 熟练□ 精通□
7	任务七：图片轮播器	了解□ 熟练□ 精通□	了解□ 熟练□ 精通□
8	任务八：任务备忘录	了解□ 熟练□ 精通□	了解□ 熟练□ 精通□

拓展练习

一、选择题

1. 以下方法中可通过元素的 id 属性获取单个元素的是（　　）。

　A. getElementsByClassName(className)　　B. querySelector(selector)

　C. getElementById(id)　　D. createElement(tagName)

2. 以下方法中可通过元素的 class 属性获取一组元素的是（　　）。

　A. querySelectorAll(selector)　　B. getElementsByClassName(className)

　C. createElement(tagName)　　D. removeChild(node)

3. 以下方法中可通过元素的标签名获取一组元素的是（　　）。

　A. getElementsByTagName(tagName)　　B. querySelector(selector)

　C. insertBefore(newNode, referenceNode)　　D. setAttribute(name, value)

4. 以下方法中可通过 CSS 选择器获取符合条件的第一个元素的是（　　）。

　A. replaceChild(newNode, oldNode)　　B. querySelector(selector)

　C. appendChild(node)　　D. classList.toggle(className)

5. 以下方法中可通过 CSS 选择器获取符合条件的所有元素的是（　　）。

　A. querySelectorAll(selector)　　B. createElement(tagName)

　C. getElementsByClassName(className)　　D. removeChild(node)

6. 以下方法中用于创建指定标签名的新元素的是（　　）。

　A. querySelector(selector)　　B. setAttribute(name, value)

　C. createElement(tagName)　　D. classList.add(className)

7. 以下方法中用于将一个新节点添加到指定元素的子节点列表的末尾的是（　　）。

　A. removeChild(node)　　B. insertBefore(newNode, referenceNode)

　C. appendChild(node)　　D. replaceChild(newNode, oldNode)

8. 以下方法中用于从指定元素的子节点列表中移除一个子节点的是（   ）。

A. setAttribute(name, value)　　　　B. insertBefore(newNode, referenceNode)

C. removeChild(node)　　　　　　　D. getAttribute(name)

9. 以下方法中用于用一个新节点替换指定元素的子节点列表中的一个旧节点的是（   ）。

A. replaceChild(newNode, oldNode)　　B. classList.remove(className)

C. querySelectorAll(selector)　　　　D. getElementsByTagName(tagName)

10. 以下方法中用于在指定元素的子节点列表中插入一个新节点，且在参考节点前插入的是（   ）。

A. classList.toggle(className)　　　　B. setAttribute(name, value)

C. insertBefore(newNode, referenceNode)　D. querySelector(selector)

二、操作题

1. 使用 JavaScript 设计一个简单计时器。

任务描述如下。

（1）单击"开始"按钮，开始计时，"开始"按钮失效。

（2）单击"停止"按钮，停止计时，"停止"按钮失效，"开始"按钮有效。

（3）单击"重置"按钮，恢复到开始状态。

（4）网页运行效果如图 5-17 所示。

图 5-17　网页运行效果

2. 设计一个"区域变大变小提醒"网页特效展示页面。

任务描述如下。

（1）单击"特效区域"，区域元素在 1 s 的时间内展示变大变小特效动画，变大时为原大小的 1.1 倍。

（2）1 s 后特效动画消失，再次单击时特效动画再现。

（3）网页运行效果如图 5-18 所示。

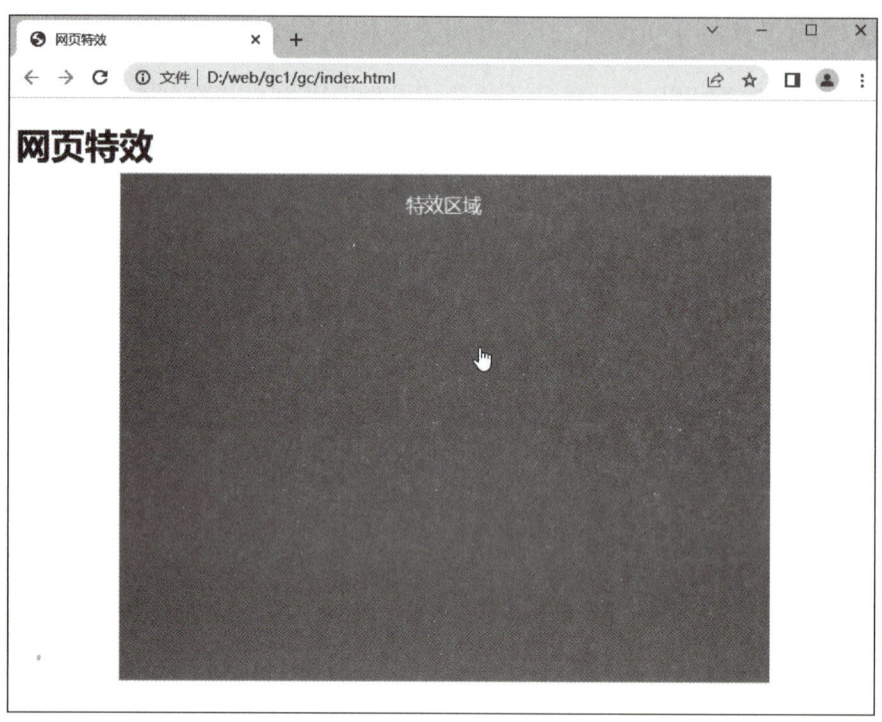

图 5-18　网页运行效果

三、编程题

观察页面运行效果和页面功能说明，在代码空白处填上适当的代码，确保页面运行后达到预期的效果。

1. 现有"待办事项"页面，其运行效果如图 5-19 所示。

图 5-19　"待办事项"页面运行效果

页面功能说明如下。

（1）页面标题为"待办事项"，居中显示在页面顶部。

（2）有一个输入框，用于输入待办事项的内容。

（3）有一个"添加任务"按钮，单击它会将输入框中的内容添加到待办事项列表中。

（4）待办事项列表以无序列表 <ul> 的形式呈现，其 id 属性为 taskList。

（5）待办事项以列表项 <li> 的形式显示在列表中，每个列表项都有一个任务文本和一个"删除"按钮。

（6）在添加任务时，会创建一个新的列表项，并将任务文本和"删除"按钮添加到列表项中。

（7）单击列表项会将其标记为已完成或未完成，已完成的任务文本会通过添加 completed 类来显示带有删除线的样式。

（8）单击"删除"按钮会从列表中删除相应的任务。

页面代码如下。

```
<!DOCTYPE html>
<html>
<head>
    <meta charset="UTF-8">
    <title>待办事项管理（添加与删除）</title>
    <style>
        h1{
             【1】 :center;
        }

        #task{
            margin:10px 0;
            padding:5px;
        }

        button{
            margin-top:10px;
            padding:5px 10px;
            font-size:16px;
            cursor:pointer;
        }

        #taskList{
            margin-top:20px;
        }

        .taskItem{
            display:flex;
            align-items:center;
            justify-content:space-between;
            padding:5px;
            border-bottom:1px solid #ccc;
        }

        .taskText{
            flex-grow:1;
            margin-right:10px;
        }
```

```
            .deleteBtn{
                background-color:red;
                color:white;
                border:none;
                padding:5px 10px;
                font-size:14px;
                cursor:pointer;
            }

            .completed{
                text-decoration:line-through;
            }
        </style>
    </head>
    <body>
        <h1>待办事项</h1>
        <  【2】   type="text" id="task" placeholder="请输入待办事项">
        <button onclick="addTask()">添加任务</button>
        <  【3】   id="taskList"></ul>
        <script>
            const taskList=document.  【4】  ('taskList');

              【5】   addTask(){
                const taskInput=document.getElementById('task');
                const task=taskInput.value;
                if (  【6】  ){
                    const li=document.  【7】  ('li');
                    li.classList.add('taskItem');
                    li.  【8】  =`
                        <span class="taskText">${task}</span>
                        <button class="deleteBtn">删除</button>
                    `;
                    li.querySelector('.deleteBtn').addEventListener('click',deleteTask);
                    li.addEventListener('click',completeTask);
                    taskList.  【9】  ;
                }
                taskInput.value='';
            }

            function completeTask(event){
                event.target.classList.toggle('completed');
            }

            function deleteTask(event){
                event.stopPropagation();
                event.target.parentNode.  【10】  ;
            }
```

```
    </script>
  </body>
</html>
```

2. 现有"全屏登录弹窗"页面，其运行效果如图 5-20 所示。

图 5-20 "全屏登录弹窗"页面运行效果

页面功能说明如下。

（1）页面上有一个标题为"全屏登录弹窗"的 <h1> 标签。

（2）有一个按钮 <button>，其 id 属性值为 login-modal-button，用于触发登录弹窗的显示。弹窗的内容位于一个 <div> 容器内，其 id 属性值为 login-modal，初始时设置为不可见状态（display: none;）。

（3）使用绝对定位使弹窗位于页面正中间（top: 50%; left: 50%; transform: translate(-50%, -50%);）。

（4）弹窗的样式定义在 .login-modal-content 类中，包括白色背景、20 像素的内边距、1 像素的边框、最大宽度 400 像素等样式。

（5）弹窗顶部右侧有一个"关闭"按钮（×），单击该按钮可以关闭弹窗。

（6）弹窗包含一个标题为"用户登录"的 <h2> 标签，以及一个登录表单。

（7）登录表单使用 <form> 标签和 .login-form 类进行样式设置，使用弹性布局使表单内容垂直居中显示。

（8）表单包含一个用户名输入框和一个密码输入框，分别使用 input 元素，并通过 type 属性设置为文本和密码类型。

（9）表单还包含一个"登录"按钮，使用 button 元素，并通过 type 属性设置为提交类型。

（10）JavaScript 部分使用 DOM 操作，通过获取元素的 ID 和类名，以及事件处理函数来实现弹窗的显示和关闭功能。单击"登录"按钮时，设置登录弹窗的显示（display: block;），单击"关闭"按钮或单击弹窗外部区域时,设置登录弹窗的隐藏(display: none;)。

页面代码如下。

```
<!DOCTYPE html>
<html>
<head>
    <title>全屏登录弹窗</title>
    <style>
        /* 添加自定义的CSS 样式 */
        .login-modal{
             【1】 :none;
            position:fixed;
            z-index:9999;
            top:0;
            left:0;
            width:100%;
            height:100%;
            background-color:rgba(0,0,0,0.5);
        }

        .login-modal-content{
             【2】 :absolute;
            top:50%;
            left:50%;
            transform:translate(-50%,-50%);
            background-color:white;
            padding:20px;
            border:1px solid #888;
            max-width:400px;
            box-shadow:0 0 20px rgba(0,0,0,0.3);
            text-align:center;
        }

        .close{
            color:#aaa;
            float:right;
            font-size:28px;
            font-weight:bold;
             【3】 :pointer;
        }

        h2{
            margin-top:0;
        }

        .login-form{
            margin-top:20px;
             【4】 :flex;
            flex-direction:column;
```

```
            align-items:center;
        }

        .login-form input{
            margin-bottom:10px;
            padding:5px;
            width:100%;
             【5】 :border-box;
        }

        .login-form button{
            padding:8px 16px;
        }
    </style>
</head>
<body>
    <h1>全屏登录弹窗</h1>
    <button id="login-modal-button">点击登录</button>
    <div class="login-modal" id="login-modal">
        <div class="login-modal-content">
            <span class="close">&times;</span>
            <h2>用户登录</h2>
            <form class="login-form">
                <input type="text" placeholder="用户名">
                <input type="password" placeholder="密码">
                <button type="submit">登录</button>
            </form>
        </div>
    </div>
    <script>
        var loginModal= 【6】 ("login-modal");
        var loginModalButton=document.getElementById("login-modal-button");
        var close=document. 【7】 ("close")[0];

        loginModalButton.onclick=function(){
            loginModal. 【8】 ="block";
        }

        close.onclick=function(){
            loginModal. 【9】 ="none";
        }

        window.onclick=function(event){
            if (event.target==loginModal){
                loginModal. 【10】 ="none";
            }
        }
    </script>
</body>
</html>
```

参考文献

[1] 张晓蕾. 网页设计与制作教程(HTML+CSS+JavaScript)[M]. 北京：电子工业出版社，2014.

[2] 未来科技. HTML5+CSS3+JavaScript从入门到精通（标准版）[M]. 北京：中国水利水电出版社出版，2017.

[3] 明日科技. HTML5+CSS3+JavaScript从入门到精通（微视频精编版）[M]. 北京：清华大学出版社，2020.